철도관련법

에듀컨텐츠·휴피아
Educontents·Huepia

목 차

에듀컨텐츠·휴피아 Educontents·Huepia

철 도 관 련 법

김 형 준 ♦ 著

에듀컨텐츠·휴피아
ECH Educontents·Huepia

에듀컨텐츠·휴피아
ECH Educontents·Huepia

제 1 편

✲ 철도차량 운전규칙

에듀컨텐츠·휴피아
Educontents·Huepia

철도차량운전규칙

[국토교통부령 제907호, 2021. 10. 26. 일부개정]

제1장 총칙

제1조(목적)

이 규칙은 「철도안전법」 제39조의 규정에 의하여 열차의 편성, 철도차량의 운전 및 신호방식 등 철도차량의 안전운행에 관하여 필요한 사항을 정함을 목적으로 한다.

제2조(정의)

이 규칙에서 사용하는 용어의 정의는 다음과 같다.

1. **"정거장"** 이라 함은 여객의 승강(여객 이용시설 및 편의시설을 포함한다), 화물의 적하(積下), 열차의 조성(組成, 철도차량을 연결하거나 분리하는 작업을 말한다), 열차의 교행(交行) 또는 대피를 목적으로 사용되는 장소를 말한다.

2. **"본선"** 이라 함은 열차의 운전에 상용하는 선로를 말한다.

3. **"측선"** 이라 함은 본선이 아닌 선로를 말한다.

6. **"차량"** 이라 함은 열차의 구성부분이 되는 1량의 철도차량을 말한다.

7. **"전차선로"** 라 함은 전차선 및 이를 지지하는 공작물을 말한다.

8. **"완급차(緩急車)"** 라 함은 관통제동기용 제동통·압력계·차장변(車掌弁) 및 수(手)제동기를 장치한 차량으로서 열차승무원이 집무할 수 있는 차실이 설비된 객차 또는 화차를 말한다.

9. **"철도신호"** 라 함은 제76조의 규정에 의한 신호·전호(傳號) 및 표지를 말한다.

10. **"진행지시신호"** 라 함은 진행신호·감속신호·주의신호·경계신호·유도신호 및 차내신호(정지신호를 제외한다) 등 차량의 진행을 지시하는 신호를 말한다.

11. **"폐색"** 이라 함은 일정 구간에 동시에 2 이상의 열차를 운전시키지 아니하기 위하여 그 구간을 하나의 열차의 운전에만 점용시키는 것을 말한다.

12. **"구내운전"** 이라 함은 정거장내 또는 차량기지 내에서 입환신호에 의하여 열차 또는 차량을 운전하는 것을 말한다.

13. **"입환(入換)"** 이라 함은 사람의 힘에 의하거나 동력차를 사용하여 차량을 이동·연결 또는 분리하는 작업을 말한다.

14. **"조차장(操車場)"** 이라 함은 차량의 입환 또는 열차의 조성을 위하여 사용되는 장소를 말한다.

15. **"신호소"** 라 함은 상치신호기 등 열차제어시스템을 조작·취급하기 위하여 설치한 장소를 말한다.

16. **"동력차"** 라 함은 기관차(機關車), 전동차(電動車), 동차(動車) 등 동력발생장치에 의하여 선로를 이동하는 것을 목적으로 제조한 철도차량을 말한다.

17. **"위험물"** 이라 함은 「철도안전법」 제44조제1항의 규정에 의한 위험물을 말한다.

18. **"무인운전"** 이란 사람이 열차 안에서 직접 운전하지 아니하고 관제실에서의 원격조종에 따라 열차가 자동으로 운행되는 방식을 말한다.

19. **"운전취급담당자"** 란 철도 신호기·선로전환기 또는 조작판을 취급하는 사람을 말한다.

제3조(적용범위)

철도에서의 철도차량의 운행에 관하여는 다른 법령에 특별한 규정이 있는 경우를 제외하고는 이 규칙이 정하는 바에 의한다.

제4조(업무규정의 제정·개정 등)

① 철도운영자 및 철도시설관리자(이하 "철도운영자등" 이라 한다)는 이 규칙에서 정하지 아니한 사항이나 지역별로 상이한 사항 등 열차운행의 안전관리 및 운영에 필요한 세부기준 및 절차(이하 이 조에서 "업무규정" 이라 한다)를 이 규칙의 범위 안에서 따로 정할 수 있다.

② 철도운영자등은 다음 각 호의 경우에는 이와 관련된 다른 철도운영자등과 사전에 협의해야 한다.
1. 다른 철도운영자등이 관리하는 구간에서 열차를 운행하려는 경우

2. 제1호에 따른 열차 운행과 관련하여 업무규정을 제정·개정하는 경우

제5조(철도운영자등의 책무)

철도운영자등은 열차 또는 차량을 운행함에 있어 철도사고를 예방하고 여객과 화물을 안전하고 원활하게 운송할 수 있도록 필요한 조치를 하여야 한다.

제2장 철도종사자 등

제6조(교육 및 훈련 등)

① 철도운영자등은 다음 각 호의 어느 하나에 해당하는 사람에게 「철도안전법」 등 관계 법령에 따라 필요한 교육을 실시해야 하고, 해당 철도종사자 등이 업무 수행에 필요한 지식과 기능을 보유한 것을 확인한 후 업무를 수행하도록 해야 한다.

1. 「철도안전법」 제2조제10호가목에 따른 철도차량의 운전업무에 종사하는 사람(이하 **"운전업무종사자"** 라 한다)
2. 철도차량운전업무를 보조하는 사람(이하 **"운전업무보조자"** 라 한다)
3. 「철도안전법」 제2조제10호나목에 따라 철도차량의 운행을 집중 제어·통제·감시하는 업무에 종사하는 사람(이하 **"관제업무종사자"** 라 한다)
4. 「철도안전법」 제2조제10호다목에 따른 여객에게 승무 서비스를 제공하는 사람(이하 **"여객승무원"** 이라 한다)
5. **운전취급담당자**
6. 철도차량을 연결·분리하는 업무를 수행하는 사람
7. 원격제어가 가능한 장치로 입환 작업을 수행하는 사람

② 철도운영자등은 운전업무종사자, 운전업무보조자 및 여객승무원이 철도차량에 탑승하기 전 또는 철도차량의 운행중에 필요한 사항에 대한 보고·지시 또는 감독 등을 적절히 수행할 수 있도록 안전관리체계를 갖추어야 한다.

③ 철도운영자등은 제2항의 규정에 의한 업무를 수행하는 자가 과로 등으로 인하여 당해 업무를 적절히 수행하기 어렵다고 판단되는 경우에는 그 업무를 수행하도록 하여서는 아니된다.

제7조(열차에 탑승하여야 하는 철도종사자)

① 열차에는 운전업무종사자와 여객승무원을 탑승시켜야 한다. 다만, 해당 선로의 상태, 열차에 연결되는 차량의 종류, 철도차량의 구조 및 장치의 수준 등을 고려하여 열차운행의 안전에 지장이 없다고 인정되는 경우에는 운전업무종사자 외의 다른 철도종사자를 탑승시키지 않거나 인원을 조정할 수 있다.

② 제1항에도 불구하고 무인운전의 경우에는 운전업무종사자를 탑승시키지 않을 수 있다.

제3장 적재제한 등

제8조(차량의 적재 제한 등)

① 차량에 화물을 적재할 경우에는 차량의 구조와 설계강도 등을 고려하여 허용할 수 있는 최대적재량을 초과하지 않도록 해야 한다.

② 차량에 화물을 적재할 경우에는 중량의 부담을 균등히 해야 하며, 운전 중의 흔들림으로 인하여 무너지거나 넘어질 우려가 없도록 해야 한다.

③ 차량에는 차량한계(차량의 길이, 너비 및 높이의 한계를 말한다. 이하 이 조에서 같다)를 초과하여 화물을 적재·운송해서는 안 된다. 다만, 열차의 안전운행에 필요한 조치를 하는 경우에는 차량한계를 초과하는 화물(이하 "특대화물"이라 한다)을 운송할 수 있다.

④ 제1항부터 제3항까지의 규정에 따른 차량의 화물 적재 제한 등에 필요한 세부사항은 국토교통부장관이 정하여 고시한다.

제9조(특대화물의 수송)

철도운영자등은 제8조제3항 단서에 따라 특대화물을 운송하려는 경우에는 사전에 해당 구간에 열차운행에 지장을 초래하는 장애물이 있는지 등을 조사·검토한 후 운송해야 한다.

제4장 열차의 운전

제1절 열차의 조성

제10조(열차의 최대연결차량수 등)

열차의 최대연결차량수는 이를 조성하는 동력차의 견인력, 차량의 성능·차체(Frame) 등 차량의 구조 및 연결장치의 강도와 운행선로의 시설현황에 따라 이를 정하여야 한다.

제11조(동력차의 연결위치)

열차의 운전에 사용하는 동력차는 열차의 맨 앞에 연결하여야 한다. 다만, 다음 각 호의 어느 하나에 해당하는 경우에는 그러하지 아니하다.

1. 기관차를 2 이상 연결한 경우로서 열차의 맨 앞에 위치한 기관차에서 열차를 제어하는 경우
2. 보조기관차를 사용하는 경우
3. 선로 또는 열차에 고장이 있는 경우
4. 구원열차·제설열차·공사열차 또는 시험운전열차를 운전하는 경우
5. 정거장과 그 정거장 외의 본선 도중에서 분기하는 측선과의 사이를 운전하는 경우
6. 그 밖에 특별한 사유가 있는 경우

제12조(여객열차의 연결제한)

① 여객열차에는 화차를 연결할 수 없다. 다만, 회송의 경우와 그 밖에 특별한 사유가 있는 경우에는 그러하지 아니하다.

② 제1항 단서의 규정에 의하여 화차를 연결하는 경우에는 화차를 객차의 중간에 연결하여서는 아니된다.

③ 파손차량, 동력을 사용하지 아니하는 기관차 또는 2차량 이상에 무게를 부담시킨 화물을 적재한 화차는 이를 여객열차에 연결하여서는 아니된다.

제13조(열차의 운전위치)

① 열차는 운전방향 **맨 앞 차량**의 운전실에서 운전하여야 한다.

② 제1항에도 불구하고 다음 각 호의 어느 하나에 해당하는 경우에는 운전방향 맨 앞 차량의 운전실 외에서도 열차를 운전할 수 있다.

1. 철도종사자가 차량의 맨 앞에서 전호를 하는 경우로서 그 전호에 의하여 열차를 운전하는 경우
2. 선로·전차선로 또는 차량에 고장이 있는 경우

3. 공사열차 · 구원열차 또는 제설열차를 운전하는 경우
4. 정거장과 그 정거장 외의 본선 도중에서 분기하는 측선과의 사이를 운전하는 경우
5. 철도시설 또는 철도차량을 시험하기 위하여 운전하는 경우
6. 사전에 정한 특정한 구간을 운전하는 경우
6의2. 무인운전을 하는 경우
7. 그 밖에 부득이한 경우로서 운전방향 맨 앞 차량의 운전실에서 운전하지 아니하여도 열차의 안전한 운전에 지장이 없는 경우

제14조(열차의 제동장치)

2량 이상의 차량으로 조성하는 열차에는 모든 차량에 연동하여 작용하고 차량이 분리되었을 때 자동으로 차량을 정차시킬 수 있는 제동장치를 구비하여야 한다. 다만, 다음 각 호의 어느 하나에 해당하는 경우에는 그러하지 아니하다.

1. 정거장에서 차량을 연결 · 분리하는 작업을 하는 경우
2. 차량을 정지시킬 수 있는 인력을 배치한 구원열차 및 공사열차의 경우
3. 그 밖에 차량이 분리된 경우에도 다른 차량에 충격을 주지 아니하도록 안전조치를 취한 경우

제15조(열차의 제동력)

① 열차는 선로의 굴곡정도 및 운전속도에 따라 충분한 제동능력을 갖추어야 한다.
② 철도운영자등은 연결축수(연결된 차량의 차축 총수를 말한다)에 대한 제동축수(소요 제동력을 작용시킬 수 있는 차축의 총수를 말한다)의 비율(이하 "제동축비율"이라 한다)이 100이 되도록 열차를 조성하여야 한다. 다만, 긴급상황 발생 등으로 인하여 열차를 조성하는 경우 등 부득이한 사유가 있는 경우에는 그러하지 아니하다.
③ 열차를 조성하는 경우에는 모든 차량의 제동력이 균등하도록 차량을 배치하여야 한다. 다만, 고장 등으로 인하여 일부 차량의 제동력이 작용하지 아니하는 경우에는 제동축비율에 따라 운전속도를 감속하여야 한다.

제16조(완급차의 연결)

① 관통제동기를 사용하는 열차의 맨 뒤(추진운전의 경우에는 맨 앞)에는 완급차를 연결하여야 한다. 다만, 화물열차에는 완급차를 연결하지 아니할 수 있다.
② 제1항 단서의 규정에 불구하고 군전용열차 또는 위험물을 운송하는 열차 등 열차승무원이 반드시 탑승하여야 할 필요가 있는 열차에는 완급차를 연결하여야 한다.

제17조(제동장치의 시험)

열차를 조성하거나 열차의 조성을 변경한 경우에는 당해 열차를 운행하기 전에 제동장치를 시험하여 정상작동여부를 확인하여야 한다.

제2절 열차의 운전

제18조(철도신호와 운전의 관계)

철도차량은 신호·전호 및 표지가 표시하는 조건에 따라 운전하여야 한다.

제19조(정거장의 경계)

철도운영자등은 정거장 내·외에서 운전취급을 달리하는 경우 이를 내·외로 구분하여 운영하고 그 경계지점과 표시방식을 지정하여야 한다.

제20조(열차의 운전방향 지정 등)

① 철도운영자등은 상행선·하행선 등으로 노선이 구분되는 선로의 경우에는 열차의 운행방향을 미리 지정하여야 한다.

② 다음 각 호의 어느 하나에 해당되는 경우에는 제1항의 규정에 의하여 지정된 선로의 반대선로로 열차를 운행할 수 있다.

1. 제4조제2항의 규정에 의하여 철도운영자등과 상호 협의된 방법에 따라 열차를 운행하는 경우
2. 정거장내의 선로를 운전하는 경우
3. 공사열차·구원열차 또는 제설열차를 운전하는 경우
4. 정거장과 그 정거장 외의 본선 도중에서 분기하는 측선과의 사이를 운전하는 경우
5. 입환운전을 하는 경우
6. 선로 또는 열차의 시험을 위하여 운전하는 경우
7. 퇴행(退行)운전을 하는 경우
8. 양방향 신호설비가 설치된 구간에서 열차를 운전하는 경우
9. 철도사고 또는 운행장애(이하 "철도사고등"이라 한다)의 수습 또는 선로보수공사 등으로 인하여 부득이하게 지정된 선로방향을 운행할 수 없는 경우

③ 철도운영자등은 제2항의 규정에 의하여 반대선로로 운전하는 열차가 있는 경우 후속 열차에 대한 운행통제 등 필요한 안전조치를 하여야 한다.

제21조(정거장외 본선의 운전)

차량은 이를 열차로 하지 아니하면 정거장외의 본선을 운전할 수 없다. 다만, 입환작업을 하는 경우에는 그러하지 아니하다.

제22조(열차의 정거장외 정차금지)

열차는 정거장외에서는 정차하여서는 아니된다. 다만, 다음 각 호의 어느 하나에 해당하는 경우에는 그러하지 아니하다.

1. 경사도가 1000분의 30 이상인 급경사 구간에 진입하기 전의 경우
2. 정지신호의 현시(現示)가 있는 경우
3. 철도사고등이 발생하거나 철도사고등의 발생 우려가 있는 경우
4. 그 밖에 철도안전을 위하여 부득이 정차하여야 하는 경우

제23조(열차의 운행시각)

철도운영자등은 정거장에서의 열차의 출발·통과 및 도착의 시각을 정하고 이에 따라 열차를 운행하여야 한다. 다만, 긴급하게 임시열차를 편성하여 운행하는 경우 등 부득이한 경우에는 그러하지 아니하다.

제24조(운전정리)

철도사고등의 발생 등으로 인하여 열차가 지연되어 열차의 운행일정의 변경이 발생하여 열차운행상 혼란이 발생한 때에는 열차의 종류·등급·목적지 및 연계수송 등을 고려하여 운전정리를 행하고, 정상운전으로 복귀되도록 하여야 한다. <개정 2019. 1. 2.>

제25조(열차 출발시의 사고방지)

철도운영자등은 열차를 출발시키는 경우 여객이 객차의 출입문에 끼었는지의 여부, 출입문의 닫힘 상태 등을 확인하는 등 여객의 안전을 확보할 수 있는 조치를 하여야 한다.

제26조(열차의 퇴행 운전)

① 열차는 퇴행하여서는 아니된다. 다만, 다음 각 호의 어느 하나에 해당하는 경우에는 그러하지 아니하다.

1. 선로·전차선로 또는 차량에 고장이 있는 경우
2. 공사열차·구원열차 또는 제설열차가 작업상 퇴행할 필요가 있는 경우
3. 뒤의 보조기관차를 활용하여 퇴행하는 경우
4. 철도사고등의 발생 등 특별한 사유가 있는 경우

② 제1항 단서의 규정에 의하여 퇴행하는 경우에는 다른 열차 또는 차량의 운전에 지장이 없도록 조치를 취하여야 한다.

제27조(열차의 재난방지)

철도운영자등은 **폭풍우·폭설·홍수·지진·해일** 등으로 열차에 재난 또는 위험이 발생할 우려가 있는 경우에는 그 상황을 고려하여 열차운전을 일시 중지하거나 운전속도를 제한하는 등의 재난·위험방지 조치를 강구해야 한다.

제28조(열차의 동시 진출·입 금지)

2 이상의 열차가 정거장에 진입하거나 정거장으로부터 진출하는 경우로서 열차 상호간 그 진로에 지장을 줄 염려가 있는 경우에는 2 이상의 열차를 동시에 정거장에 진입시키거나 진출시킬 수 없다. 다만, 다음 각 호의 어느 하나에 해당하는 경우에는 그러하지 아니하다.

1. 안전측선·탈선선로전환기·탈선기가 설치되어 있는 경우
2. 열차를 유도하여 서행으로 진입시키는 경우
3. 단행기관차로 운행하는 열차를 진입시키는 경우
4. 다른 방향에서 진입하는 열차들이 출발신호기 또는 정차위치로부터 200미터(동차·전동차의 경우에는 150미터) 이상의 여유거리가 있는 경우
5. 동일방향에서 진입하는 열차들이 각 정차위치에서 100미터 이상의 여유거리가 있는 경우

제29조(열차의 긴급정지 등)

철도사고등이 발생하여 열차를 급히 정지시킬 필요가 있는 경우에는 지체없이 정지신호를 표시하는 등 열차정지에 필요한 조치를 취하여야 한다.

제30조(선로의 일시 사용중지)

① 선로의 개량 또는 보수 등으로 열차의 운행에 지장을 주는 작업이나 공사가 진행 중인 구간에는 작업이나 공사 관계 차량 외의 열차 또는 철도차량을 진입시켜서는 안 된다.

② 제1항의 규정에 의한 작업 또는 공사가 완료된 경우에는 열차의 운행에 지장이 없는 지를 확인하고 열차를 운행시켜야 한다.

제31조(구원열차 요구 후 이동금지)

① 철도사고등의 발생으로 인하여 정거장외에서 열차가 정차하여 구원열차를 요구하였거나 구원열차 운전의 통보가 있는 경우에는 당해 열차를 이동하여서는 아니된다. 다만, 다음 각 호의 어느 하나에 해당하는 경우에는 그러하지 아니하다.

1. 철도사고등이 확대될 염려가 있는 경우
2. 응급작업을 수행하기 위하여 다른 장소로 이동이 필요한 경우

② 철도종사자는 제1항 단서에 따라 열차나 철도차량을 이동시키는 경우에는 지체없이 구원열차의 운전업무종사자와 관제업무종사자 또는 운전취급담당자에게 그 이동 내용과 이동 사유를 통보하고, 열차의 방호를 위한 정지수신호 등 안전조치를 취해야 한다.

제32조(화재발생시의 운전)

① 열차에 화재가 발생한 경우에는 조속히 소화의 조치를 하고 여객을 대피시키거나 화재가 발생한 차량을 다른 차량에서 격리시키는 등의 필요한 조치를 하여야 한다.

② 열차에 화재가 발생한 장소가 교량 또는 터널 안인 경우에는 우선 철도차량을 교량 또는 터널 밖으로 운전하는 것을 원칙으로 하고, 지하구간인 경우에는 가장 가까운 역 또는 지하구간 밖으로 운전하는 것을 원칙으로 한다.

제32조의2(무인운전 시의 안전확보 등)

열차를 무인운전하는 경우에는 다음 각 호의 사항을 준수해야 한다.

1. 철도운영자등이 지정한 철도종사자는 차량을 차고에서 출고하기 전 또는 무인운전 구간으로 진입하기 전에 운전방식을 무인운전 모드(mode)로 전환하고, 관제업무종사자로부터 무인운전 기능을 확인받을 것
2. 관제업무종사자는 열차의 운행상태를 실시간으로 감시하고 필요한 조치를 할 것
3. 관제업무종사자는 열차가 정거장의 정지선을 지나쳐서 정차한 경우 다음 각 목의 조치를 할 것
   가. 후속 열차의 해당 정거장 진입 차단
   나. 철도운영자등이 지정한 철도종사자를 해당 열차에 탑승시켜 수동으로 열차를 정지선으로 이동
   다. 나목의 조치가 어려운 경우 해당 열차를 다음 정거장으로 재출발
4. 철도운영자등은 여객의 승하차 시 안전을 확보하고 시스템 고장 등 긴급상황에 신속하게 대처하기 위하여 정거장 등에 안전요원을 배치하거나 순회하도록 할 것

제33조(특수목적열차의 운전)

철도운영자등은 특수한 목적으로 열차의 운행이 필요한 경우에는 당해 특수목적열차의 운행계획을 수립ㆍ시행하여야 한다.

제3절 열차의 운전속도

제34조(열차의 운전 속도)

① 열차는 선로 및 전차선로의 상태, 차량의 성능, 운전방법, 신호의 조건 등에 따라 안전한 속도로 운전하여야 한다.

② 철도운영자등은 다음 각 호를 고려하여 선로의 노선별 및 차량의 종류별로 열차의 최고속도를 정하여 운용하여야 한다.

1. 선로에 대하여는 선로의 굴곡의 정도 및 선로전환기의 종류와 구조
2. 전차선에 대하여는 가설방법별 제한속도

제35조(운전방법 등에 의한 속도제한)

철도운영자등은 다음 각 호의 어느 하나에 해당하는 경우에는 열차 또는 차량의 운전제한속도를 따로 정하여 시행하여야 한다.

1. 서행신호 현시구간을 운전하는 경우
2. 추진운전을 하는 경우(총괄제어법에 따라 열차의 맨 앞에서 제어하는 경우를 제외한다)
3. 열차를 퇴행운전을 하는 경우
4. 쇄정(鎖錠)되지 않은 선로전환기를 대향(對向)으로 운전하는 경우
5. 입환운전을 하는 경우
6. 제74조에 따른 전령법(傳令法)에 의하여 열차를 운전하는 경우
7. 수신호 현시구간을 운전하는 경우
8. 지령운전을 하는 경우
9. 무인운전 구간에서 운전업무종사자가 탑승하여 운전하는 경우
10. 그 밖에 철도안전을 위하여 필요하다고 인정되는 경우

제36조(열차 또는 차량의 정지)

① 열차 또는 차량은 정지신호가 현시된 경우에는 그 현시지점을 넘어서 진행할 수 없다. 다만, 다음 각 호의 어느 하나에 해당하는 경우에는 그러하지 아니하다.

~~1. 삭제~~

2. 수신호에 의하여 정지신호의 현시가 있는 경우
3. 신호기 고장 등으로 인하여 정지가 불가능한 거리에서 정지신호의 현시가 있는 경우

② 제1항의 규정에 불구하고 자동폐색신호기의 정지신호에 의하여 일단 정지한 열차 또는 차량은 정지신호 현시중이라도 운전속도의 제한 등 안전조치에 따라 서행하여 그 현시지점을 넘어서 진행할 수 있다.

③ 서행허용표지를 추가하여 부설한 자동폐색신호기가 정지신호를 현시하는 때에는 정지신호 현시중이라도 정지하지 아니하고 운전속도의 제한 등 안전조치에 따라 서행하여 그 현시지점을 넘어서 진행할 수 있다.

제37조(열차 또는 차량의 진행)

열차 또는 차량은 진행을 지시하는 신호가 현시된 때에는 신호종류별 지시에 따라 지정속도 이하로 그 지점을 지나 다음 신호가 있는 지점까지 진행할 수 있다.

제38조(열차 또는 차량의 서행)

① 열차 또는 차량은 서행신호의 현시가 있을 때에는 그 속도를 감속하여야 한다.

② 열차 또는 차량이 서행해제신호가 있는 지점을 통과한 때에는 정상속도로 운전할 수 있다.

제4절 입환

제39조(입환)

① 철도운영자등은 입환작업을 하려면 다음 각 호의 사항을 포함한 입환작업계획서를 작성하여 기관사, 운전취급담당자, 입환작업자에게 배부하고 입환작업에 대한 교육을 실시하여야 한다. 다만, 단순히 선로를 변경하기 위하여 이동하는 입환의 경우에는 입환작업계획서를 작성하지 아니할 수 있다.

1. 작업 내용
2. 대상 차량
3. 입환 작업 순서
4. 작업자별 역할
5. 입환전호 방식
6. 입환 시 사용할 무선채널의 지정
7. 그 밖에 안전조치사항

② 입환작업자(기관사를 포함한다)는 차량과 열차를 입환하는 경우 다음 각 호의 기준에 따라야 한다.

1. 차량과 열차가 이동하는 때에는 차량을 분리하는 입환작업을 하지 말 것
2. 입환 시 다른 열차의 운행에 지장을 주지 않도록 할 것
3. 여객이 승차한 차량이나 화약류 등 위험물을 적재한 차량에 대하여는 충격을 주지 않도록 할 것

제40조(선로전환기의 쇄정 및 정위치 유지)

① 본선의 선로전환기는 이와 관계된 신호기와 그 진로내의 선로전환기를 연동쇄정하여 사용하여야 한다. 다만, 상시 쇄정되어 있는 선로전환기 또는 취급회수가 극히 적은 배향(背向)의 선로전환기의 경우에는 그러하지 아니하다.
② 쇄정되지 아니한 선로전환기를 대향으로 통과할 때에는 쇄정기구를 사용하여 텅레일(Tongue Rail)을 쇄정하여야 한다.
③ 선로전환기를 사용한 후에는 지체없이 미리 정하여진 위치에 두어야 한다.

제41조(차량의 정차시 조치)

차량을 측선 등에 정차시켜 두는 경우에는 차량이 움직이지 아니하도록 필요한 조치를 하여야 한다.

제42조(열차의 진입과 입환)

① 다른 열차가 정거장에 진입할 시각이 임박한 때에는 다른 열차에 지장을 줄 수 있는 입환을 할 수 없다. 다만, 다른 열차가 진입할 수 없는 경우 등 긴급하거나 부득이한 경우에는

그러하지 아니하다.

② 열차의 도착 시각이 임박한 때에는 그 열차가 정차 예정인 선로에서는 입환을 할 수 없다. 다만, 열차의 운전에 지장을 주지 아니하도록 안전조치를 한 후에는 그러하지 아니하다.

제43조(정거장외 입환)

다른 열차가 인접정거장 또는 신호소를 출발한 후에는 그 열차에 대한 장내신호기의 바깥쪽에 걸친 입환을 할 수 없다. 다만, 특별한 사유가 있는 경우로서 충분한 안전조치를 한 때에는 그러하지 아니하다.

제45조(인력입환)

본선을 이용하는 입력입환은 관제업무종사자 또는 운전취급담당자의 승인을 받아야 하며, 운전취급담당자는 그 작업을 감시해야 한다.

제5장 열차간의 안전확보

제1절 총칙

제46조(열차 간의 안전 확보)

① 열차는 열차 간의 안전을 확보할 수 있도록 다음 각 호의 어느 하나의 방법으로 운전해야 한다. 다만, 정거장 내에서 철도신호의 현시·표시 또는 그 정거장의 운전을 관리하는 사람의 지시에 따라 운전하는 경우에는 그렇지 않다.

1. 폐색에 의한 방법
2. 열차 간의 간격을 확보하는 장치(이하 "열차제어장치"라 한다)에 의한 방법
3. 시계(視界)운전에 의한 방법

② 단선(單線)구간에서 폐색을 한 경우 상대역의 열차가 동시에 당해 구간에 진입하도록 하여서는 아니된다.

③ 구원열차를 운전하는 경우 또는 공사열차가 있는 구간에서 다른 공사열차를 운전하는 등의 특수한 경우로서 열차운행의 안전을 확보할 수 있는 조치를 취한 경우에는 제1항 및 제2항의 규정에 의하지 아니할 수 있다.

제47조(진행지시신호의 금지)

열차 또는 차량의 진로에 지장이 있는 경우에는 이에 대하여 진행을 지시하는 신호를 현시할 수 없다.

제47조의2(열차의 방호)

① 철도운영자등은 철도사고등이 발생하여 인접 선로의 열차 운행에 지장을 주는 등 다른 열차의 정차가 필요한 경우에는 방호 조치를 해야 한다.

② 운전업무종사자는 다른 열차의 방호 조치를 확인한 경우 즉시 열차를 정차해야 한다.

제2절 폐색에 의한 방법

제48조(폐색에 의한 방법)

폐색에 의한 방법을 사용하는 경우에는 당해 열차의 진로상에 있는 폐색구간의 조건에 따라 신호를 현시하거나 다른 열차의 진입을 방지할 수 있어야 한다.

제49조(폐색에 의한 열차 운행)

① 폐색에 의한 방법으로 열차를 운행하는 경우에는 본선을 폐색구간으로 분할하여야 한다. 다만, 정거장내의 본선은 이를 폐색구간으로 하지 아니할 수 있다.

② 하나의 폐색구간에는 둘 이상의 열차를 동시에 운행할 수 없다. 다만, 다음 각 호에 해당하는 경우에는 그렇지 않다.

1. 제36조제2항 및 제3항에 따라 열차를 진입시키려는 경우
2. 고장열차가 있는 폐색구간에 구원열차를 운전하는 경우
3. 선로가 불통된 구간에 공사열차를 운전하는 경우
4. 폐색구간에서 뒤의 보조기관차를 열차로부터 떼었을 경우
5. 열차가 정차되어 있는 폐색구간으로 다른 열차를 유도하는 경우
6. 폐색에 의한 방법으로 운전을 하고 있는 열차를 열차제어장치로 운전하거나 시계운전이 가능한 노선에서 열차를 서행하여 운전하는 경우
7. 그 밖에 특별한 사유가 있는 경우

제50조(폐색방식의 구분)

폐색방식은 각 호와 같이 구분한다.

1. 상용(常用)폐색방식 : 자동폐색식 · 연동폐색식 · 차내신호폐색식 · 통표폐색식
2. 대용(代用)폐색방식: 통신식 · 지도통신식 · 지도식 · 지령식

제51조(자동폐색장치의 기능)

자동폐색식을 시행하는 폐색구간의 폐색신호기 · 장내신호기 및 출발신호기는 다음 각 호의 기능을 갖추어야 한다.

1. 폐색구간에 열차 또는 차량이 있을 때에는 자동으로 정지신호를 현시할 것
2. 폐색구간에 있는 선로전환기가 정당한 방향으로 개통되지 아니한 때 또는 분기선 및 교차점에 있는 차량이 폐색구간에 지장을 줄 때에는 자동으로 정지신호를 현시할 것
3. 폐색장치에 고장이 있을 때에는 자동으로 정지신호를 현시할 것
4. 단선구간에 있어서는 하나의 방향에 대하여 진행을 지시하는 신호를 현시한 때에는 그 반대방향의 신호기는 자동으로 정지신호를 현시할 것

제52조(연동폐색장치의 구비조건)

연동폐색식을 시행하는 폐색구간 양끝의 정거장 또는 신호소에는 다음 각 호의 기능을 갖춘 연동폐색기를 설치해야 한다.

1. 신호기와 연동하여 자동으로 다음 각 목의 표시를 할 수 있을 것
   가. 폐색구간에 열차 있음
   나. 폐색구간에 열차 없음
2. 열차가 폐색구간에 있을 때에는 그 구간의 신호기에 진행을 지시하는 신호를 현시할 수 없을 것
3. 폐색구간에 진입한 열차가 그 구간을 통과한 후가 아니면 제1호가목의 표시를 변경할 수 없을 것
4. 단선구간에 있어서 하나의 방향에 대하여 폐색이 이루어지면 그 반대방향의 신호기는 자동으로 정지신호를 현시할 것

제53조(열차를 연동폐색구간에 진입시킬 경우의 취급)

① 열차를 폐색구간에 진입시키려는 경우에는 제52조제1호나목의 표시를 확인하고 전방의 정거장 또는 신호소의 승인을 받아야 한다.
② 제1항에 따른 승인은 제52조제1호가목의 표시로 해야 한다.
③ 폐색구간에 열차 또는 차량이 있을 때에는 제1항의 규정에 의한 승인을 할 수 없다.

제54조(차내신호폐색장치의 기능)

차내신호폐색식을 시행하는 구간의 차내신호는 다음 각 호의 경우에는 **자동으로 정지신호를 현시**하는 기능을 갖추어야 한다.

1. 폐색구간에 열차 또는 다른 차량이 있는 경우
2. 폐색구간에 있는 선로전환기가 정당한 방향에 있지 아니한 경우
3. 다른 선로에 있는 열차 또는 차량이 폐색구간을 진입하고 있는 경우
4. 열차제어장치의 지상장치에 고장이 있는 경우
5. 열차 정상운행선로의 방향이 다른 경우

제55조(통표폐색장치의 기능 등)

① 통표폐색식을 시행하는 폐색구간 양끝의 정거장 또는 신호소에는 다음 각 호의 기능을 갖춘 통표폐색장치를 설치해야 한다.

1. 통표는 폐색구간 양끝의 정거장 또는 신호소에서 협동하여 취급하지 아니하면 이를 꺼낼 수 없을 것
2. 폐색구간 양끝에 있는 통표폐색기에 넣은 통표는 1개에 한하여 꺼낼 수 있으며, 꺼낸 통표를 통표폐색기에 넣은 후가 아니면 다른 통표를 꺼내지 못하는 것일 것
3. 인접 폐색구간의 통표는 넣을 수 없는 것일 것

② 제1항의 규정에 의한 통표폐색기에는 그 구간 전용의 통표만을 넣어야 한다.

③ 인접폐색구간의 통표는 그 모양을 달리하여야 한다.

④ 열차는 당해 구간의 통표를 휴대하지 아니하면 그 구간을 운전할 수 없다. 다만, 특별한 사유가 있는 경우에는 그러하지 아니하다.

제56조(열차를 통표폐색구간에 진입시킬 경우의 취급)

① 열차를 통표폐색구간에 진입시키려는 경우에는 폐색구간에 열차가 없는 것을 확인하고 운행하려는 방향의 정거장 또는 신호소 운전취급담당자의 승인을 받아야 한다.

② 열차의 운전에 사용하는 통표는 통표폐색기에 넣은 후가 아니면 이를 다른 열차의 운전에 사용할 수 없다. 다만, 고장열차가 있는 폐색구간에 구원열차를 운전하는 경우 등 특별한 사유가 있는 경우에는 그러하지 아니하다.

제57조(통신식 대용폐색 방식의 통신장치)

통신식을 시행하는 구간에는 전용의 통신설비를 설치하여야 한다. 다만, 다음 각 호의 어느 하나에 해당하는 경우에는 다른 통신설비로서 이를 대신할 수 있다.

1. 운전이 한산한 구간인 경우
2. 전용의 통신설비에 고장이 있는 경우
3. 철도사고등의 발생 그 밖에 부득이한 사유로 인하여 전용의 통신설비를 설치할 수 없는 경우

제58조(열차를 통신식 폐색구간에 진입시킬 경우의 취급)

① 열차를 통신식 폐색구간에 진입시키려는 경우에는 관제업무종사자 또는 운전취급담당자의 승인을 받아야 한다.

② 관제업무종사자 또는 운전취급담당자는 폐색구간에 열차 또는 차량이 없음을 확인한 경우에만 열차의 진입을 승인할 수 있다.

제59조(지도통신식의 시행)

① 지도통신식을 시행하는 구간에는 폐색구간 양끝의 정거장 또는 신호소의 통신설비를 사용하여 서로 협의한 후 시행한다.

② 지도통신식을 시행하는 경우 폐색구간 양끝의 정거장 또는 신호소가 서로 협의한 후 지도표를 발행하여야 한다.

③ 제2항의 규정에 의한 지도표는 1폐색구간에 1매로 한다.

제60조(지도표와 지도권의 사용구별)

① 지도통신식을 시행하는 구간에서 동일방향의 폐색구간으로 진입시키고자 하는 열차가 하나뿐인 경우에는 지도표를 교부하고, 연속하여 2 이상의 열차를 동일방향의 폐색구간으로 진입시키고자 하는 경우에는 최후의 열차에 대하여는 지도표를, 나머지 열차에 대하여는 지

도권을 교부한다.

② 지도권은 지도표를 가지고 있는 정거장 또는 신호소에서 서로 협의를 한 후 발행하여야 한다.

제61조(열차를 지도통신식 폐색구간에 진입시킬 경우의 취급)

열차는 당해구간의 지도표 또는 지도권을 휴대하지 아니하면 그 구간을 운전할 수 없다. 다만, 고장열차가 있는 폐색구간에 구원열차를 운전하는 경우 등 특별한 사유가 있는 경우에는 그러하지 아니하다.

제62조(지도표·지도권의 기입사항)

① 지도표에는 그 구간 양끝의 정거장명·발행일자 및 사용열차번호를 기입하여야 한다.

② 지도권에는 사용구간·사용열차·발행일자 및 지도표 번호를 기입하여야 한다.

제63조(지도식의 시행)

지도식은 철도사고등의 수습 또는 선로보수공사 등으로 현장과 가장 가까운 정거장 또는 신호소간을 1폐색구간으로 하여 열차를 운전하는 경우에 후속열차를 운전할 필요가 없을 때에 한하여 시행한다.

제64조(지도표의 발행)

① 지도식을 시행하는 구간에는 지도표를 발행하여야 한다.

② 지도표는 1폐색구간에 1매로 하며, 열차는 당해구간의 지도표를 휴대하지 아니하면 그 구간을 운전할 수 없다.

제64조의2(지령식의 시행)

① 지령식은 폐색 구간이 다음 각 호의 요건을 모두 갖춘 경우 관제업무종사자의 승인에 따라 시행한다.

1. 관제업무종사자가 열차 운행을 감시할 수 있을 것
2. 운전용 통신장치 기능이 정상일 것

② 관제업무종사자는 지령식을 시행하는 경우 다음 각 호의 사항을 준수해야 한다.

1. 지령식을 시행할 폐색구간의 경계를 정할 것
2. 지령식을 시행할 폐색구간에 열차나 철도차량이 없음을 확인할 것
3. 지령식을 시행하는 폐색구간에 진입하는 열차의 기관사에게 승인번호, 시행구간, 운전속도 등 주의사항을 통보할 것

제3절 열차제어장치에 의한 방법

제65조(열차제어장치에 의한 방법)

열차 간의 간격을 자동으로 확보하는 열차제어장치는 운행하는 열차와 동일 진로상의 다른 열차와의 간격 및 선로 등의 조건에 따라 자동으로 해당 열차를 감속시키거나 정지시킬 수 있어야 한다.

제66조(열차제어장치의 종류)

열차제어장치는 다음 각 호와 같이 구분한다.

1. 열차자동정지장치(ATS, Automatic Train Stop)
2. 열차자동제어장치(ATC, Automatic Train Control)
3. 열차자동방호장치(ATP, Automatic Train Protection)

제67조(열차제어장치의 기능)

① 열차자동정지장치는 열차의 속도가 지상에 설치된 신호기의 현시 속도를 초과하는 경우 열차를 자동으로 정지시킬 수 있어야 한다.

② 열차자동제어장치 및 열차자동방호장치는 다음 각 호의 기능을 갖추어야 한다.

1. 운행 중인 열차를 선행열차와의 간격, 선로의 굴곡, 선로전환기 등 운행 조건에 따라 제어정보가 지시하는 속도로 자동으로 감속시키거나 정지시킬 수 있을 것
2. 장치의 조작 화면에 열차제어정보에 따른 운전 속도와 열차의 실제 속도를 실시간으로 나타내 줄 것
3. 열차를 정지시켜야 하는 경우 자동으로 제동장치를 작동하여 정지목표에 정지할 수 있을 것

제4절 시계운전에 의한 방법

第70조(시계운전에 의한 방법)

① 시계운전에 의한 방법은 신호기 또는 통신장치의 고장 등으로 제50조제1호 및 제2호 외의 방법으로 열차를 운전할 필요가 있는 경우에 한하여 시행하여야 한다.

② 철도차량의 운전속도는 전방 가시거리 범위 내에서 열차를 정지시킬 수 있는 속도 이하로 운전하여야 한다.

③ 동일 방향으로 운전하는 열차는 선행 열차와 충분한 간격을 두고 운전하여야 한다.

第71조(단선구간에서의 시계운전)

단선구간에서는 하나의 방향으로 열차를 운전하는 때에 반대방향의 열차를 운전시키지 아니하는 등 사고예방을 위한 안전조치를 하여야 한다.

第72조(시계운전에 의한 열차의 운전)

시계운전에 의한 열차운전은 다음 각 호의 어느 하나의 방법으로 시행해야 한다. 다만, 협의용 단행기관차의 운행 등 철도운영자등이 특별히 따로 정한 경우에는 그렇지 않다.

1. 복선운전을 하는 경우
   가. 격시법
   나. 전령법
2. 단선운전을 하는 경우
   가. 지도격시법(指導隔時法)
   나. 전령법

第73조(격시법 또는 지도격시법의 시행)

① 격시법 또는 지도격시법을 시행하는 경우에는 최초의 열차를 운전시키기 전에 폐색구간에 열차 또는 차량이 없음을 확인하여야 한다.

② 격시법은 폐색구간의 한끝에 있는 정거장 또는 신호소의 운전취급담당자가 시행한다.

③ 지도격시법은 폐색구간의 한끝에 있는 정거장 또는 신호소의 운전취급담당자가 적임자를 파견하여 상대의 정거장 또는 신호소 운전취급담당자와 협의한 후 시행해야 한다. 다만, 지도통신식을 시행 중인 구간에서 통신두절이 된 경우 지도표를 가지고 있는 정거장 또는 신호소에서 출발하는 최초의 열차에 대해서는 적임자를 파견하지 않고 시행할 수 있다.

第74조(전령법의 시행)

① 열차 또는 차량이 정차되어 있는 폐색구간에 다른 열차를 진입시킬 때에는 전령법에 의하여

운전하여야 한다.

② 전령법은 그 폐색구간 양끝에 있는 정거장 또는 신호소의 운전취급담당자가 협의하여 이를 시행해야 한다. 다만, 다음 각 호의 어느 하나에 해당하는 경우에는 협의하지 않고 시행할 수 있다.

1. 선로고장 등으로 지도식을 시행하는 폐색구간에 전령법을 시행하는 경우
2. 제1호 외의 경우로서 전화불통으로 협의를 할 수 없는 경우

③ 제2항제2호에 해당하는 경우에는 당해 열차 또는 차량이 정차되어 있는 곳을 넘어서 열차 또는 차량을 운전할 수 없다.

제75조(전령자)

① 전령법을 시행하는 구간에는 전령자를 선정하여야 한다.

② 제1항의 규정에 의한 전령자는 1폐색구간 1인에 한한다.

~~③ 삭제~~

④ 전령법을 시행하는 구간에서는 당해구간의 전령자가 동승하지 아니하고는 열차를 운전할 수 없다.

제6장 철도신호

제1절 총칙

제76조(철도신호)

철도의 신호는 다음 각 호와 같이 구분하여 시행한다.

1. 신호는 모양·색 또는 소리 등으로 열차나 차량에 대하여 운행의 조건을 지시하는 것으로 할 것
2. 전호는 모양·색 또는 소리 등으로 관계직원 상호간에 의사를 표시하는 것으로 할 것
3. 표지는 모양 또는 색 등으로 물체의 위치·방향·조건 등을 표시하는 것으로 할 것

제77조(주간 또는 야간의 신호 등)

주간과 야간의 현시방식을 달리하는 신호·전호 및 표지의 경우 일출 후부터 일몰 전까지는 주간 방식으로, 일몰 후부터 다음 날 일출 전까지는 야간 방식으로 한다. 다만, 일출 후부터 일몰 전까지의 경우에도 주간 방식에 따른 신호·전호 또는 표지를 확인하기 곤란한 경우에는 야간 방식에 따른다.

제78조(지하구간 및 터널 안의 신호)

지하구간 및 터널 안의 신호·전호 및 표지는 야간의 방식에 의하여야 한다. 다만, 길이가 짧아 빛이 통하는 지하구간 또는 조명시설이 설치된 터널 안 또는 지하 정거장 구내의 경우에는 그러하지 아니하다.

제79조(제한신호의 추정)

① 신호를 현시할 소정의 장소에 신호의 현시가 없거나 그 현시가 정확하지 아니할 때에는 정지신호의 현시가 있는 것으로 본다.

② 상치신호기 또는 임시신호기와 수신호가 각각 다른 신호를 현시한 때에는 그 운전을 최대로 제한하는 신호의 현시에 의하여야 한다. 다만, 사전에 통보가 있을 때에는 통보된 신호에 의한다.

제80조(신호의 겸용금지)

하나의 신호는 하나의 선로에서 하나의 목적으로 사용되어야 한다. 다만, 진로표시기를 부설한 신호기는 그러하지 아니하다.

제2절 상치신호기

제81조(상치신호기)

상치신호기는 일정한 장소에서 색등(色燈) 또는 등열(燈列)에 의하여 열차 또는 차량의 운전 조건을 지시하는 신호기를 말한다.

제82조(상치신호기의 종류)

상치신호기의 종류와 용도는 다음 각 호와 같다.

1. 주신호기
   가. 장내신호기 : 정거장에 진입하려는 열차에 대하여 신호를 현시하는 것
   나. 출발신호기 : 정거장을 진출하려는 열차에 대하여 신호를 현시하는 것
   다. 폐색신호기 : 폐색구간에 진입하려는 열차에 대하여 신호를 현시하는 것
   라. 엄호신호기 : 특히 방호를 요하는 지점을 통과하려는 열차에 대하여 신호를 현시하는 것
   마. 유도신호기 : 장내신호기에 정지신호의 현시가 있는 경우 유도를 받을 열차에 대하여 신호를 현시하는 것
   바. 입환신호기 : 입환차량 또는 차내신호폐색식을 시행하는 구간의 열차에 대하여 신호를 현시하는 것
2. 종속신호기
   가. 원방신호기: 장내신호기·출발신호기·폐색신호기 및 엄호신호기에 종속하여 열차에 주 신호기가 현시하는 신호의 예고신호를 현시하는 것
   나. 통과신호기: 출발신호기에 종속하여 정거장에 진입하는 열차에 신호기가 현시하는 신호를 예고하며, 정거장을 통과할 수 있는지에 대한 신호를 현시하는 것
   다. 중계신호기: 장내신호기·출발신호기·폐색신호기 및 엄호신호기에 종속하여 열차에 주 신호기가 현시하는 신호의 중계신호를 현시하는 것
3. 신호부속기
   가. 진로표시기 : 장내신호기·출발신호기·진로개통표시기 및 입환신호기에 부속하여 열차 또는 차량에 대하여 그 진로를 표시하는 것
   나. 진로예고기 : 장내신호기·출발신호기에 종속하여 다음 장내신호기 또는 출발신호기에 현시하는 진로를 열차에 대하여 예고하는 것
   다. 진로개통표시기: 차내신호를 사용하는 열차가 운행하는 본선의 분기부에 설치하여 진로의 개통 상태를 표시하는 것
4. **차내신호**: 동력차 내에 설치하여 신호를 현시하는 것

第83條(차내신호)

차내신호의 종류 및 그 제한속도는 다음 각 호와 같다.

1. **정지신호 :** 열차운행에 지장이 있는 구간으로 운행하는 열차에 대하여 정지하도록 하는 것
2. **15 신호 :** 정지신호에 의하여 정지한 열차에 대한 신호로서 1시간에 15킬로미터 이하의 속도로 운전하게 하는 것
3. **야드신호 :** 입환차량에 대한 신호로서 1시간에 25킬로미터 이하의 속도로 운전하게 하는 것
4. **진행신호 :** 열차를 지정된 속도 이하로 운전하게 하는 것

第84條(신호현시방식)

상치신호기의 현시방식은 다음 각 호와 같다.

1. 장내신호기 · 출발신호기 · 폐색신호기 및 엄호신호기

종류	신호현시방식					
	5현시	4현시	3현시	2현시		
	색등식	색등식	색등식	색등식	완목식	
					주간	야간
정지신호	적색등	적색등	적색등	적색등	완·수평	적색등
경계신호	상위:등황색등 하위:등황색등					
주의신호	등황색등	등황색등	등황색등			
감속신호	상위:등황색등 하위:녹색등	상위:등황색등 하위:녹색등				
진행신호	녹색등	녹색등	녹색등	녹색등	완 · 좌하향 45도	녹색등

2. 유도신호기(등열식) : 백색등열 좌 · 하향 45도

3. 입환신호기

종류	신호현시방식		
	등열식	색등식	
		차내신호폐색구간	그 밖의 구간
정지신호	백색등열 수평 무유도등 소등	적색등	적색등
진행신호	백색 등열 좌하향 45도 무유도등 점등	등황색등	청색등 무유도등 점등

4. 원방신호기(통과신호기를 포함한다)

종류		신호현시방식		
		색등식	완목식	
			주간	야간
주신호기가 정지신호를 할 경우	주의신호	등황색등	완·수평	등황색등
주신호기가 진행을 지시하는 신호를 할 경우	진행신호	녹색등	완·좌하향 45도	녹색등

5. 중계신호기

종류	등열식		색등식
주신호기가 정지신호를 할 경우	정지중계	백색등열(3등)수평	적색등
주신호기가 진행을 지시하는 신호를 할 경우	제한중계	백색등열(3등) 좌하향 45도	주신호기가 진행을 지시하는 색등
	진행중계	백색등열(3등) 수직	

6. 차내신호

종　　류	신　호　현　시　방　식
정　지　신　호	적색사각형등 점등
15　　신　　호	적색원형등 점등("15" 지시)
야　드　신　호	노란색 직사각형등과 적색원형등(25등신호) 점등
진　행　신　호	적색원형등(해당신호등) 점등

第85조(신호현시의 기본원칙)

① 별도의 작동이 없는 상태에서의 상치신호기의 기본원칙은 다음 각 호와 같다.

1. **장내신호기** : 정지신호
2. **출발신호기** : 정지신호
3. **폐색신호기**(자동폐색신호기를 제외한다) : 정지신호
4. **엄호신호기** : 정지신호
5. **유도신호기** : 신호를 현시하지 아니한다.
6. **입환신호기** : 정지신호
7. **원방신호기** : 주의신호

② 자동폐색신호기 및 반자동폐색신호기는 진행을 지시하는 신호를 현시함을 기본으로 한다. 다만, 단선구간의 경우에는 정지신호를 현시함을 기본으로 한다.

③ 차내신호는 진행신호를 현시함을 기본으로 한다.

第86조(배면광 설비)

상치신호기의 현시를 후면에서 식별할 필요가 있는 경우에는 배면광(背面光)을 설비하여야 한다.

第87조(신호의 배열)

기둥 하나에 같은 종류의 신호 2 이상을 현시할 때에는 맨 위에 있는 것을 맨 왼쪽의 선로에 대한 것으로 하고, 순차적으로 오른쪽의 선로에 대한 것으로 한다.

第88조(신호현시의 순위)

원방신호기는 그 주된 신호기가 진행신호를 현시하거나, 3위식 신호기는 그 신호기의 배면쪽 제1의 신호기에 주의 또는 진행신호를 현시하기 전에 이에 앞서 진행신호를 현시할 수 없다.

第89조(신호의 복위)

열차가 상치신호기의 설치지점을 통과한 때에는 그 지점을 통과한 때마다 유도신호기는 신호를 현시하지 아니하며 원방신호기는 주의신호를, 그 밖의 신호기는 정지신호를 현시하여야 한다.

제3절 임시신호기

제90조(임시신호기)

선로의 상태가 일시 정상운전을 할 수 없는 상태인 경우에는 그 구역의 바깥쪽에 임시신호기를 설치하여야 한다.

제91조(임시신호기의 종류)

임시신호기의 종류와 용도는 다음 각 호와 같다.

1. **서행신호기** : 서행운전할 필요가 있는 구간에 진입하려는 열차 또는 차량에 대하여 당해구간을 서행할 것을 지시하는 것
2. **서행예고신호기** : 서행신호기를 향하여 진행하려는 열차에 대하여 그 전방에 서행신호의 현시 있음을 예고하는 것
3. **서행해제신호기** : 서행구역을 진출하려는 열차에 대하여 서행을 해제할 것을 지시하는 것
4. **서행발리스(Balise)** : 서행운전할 필요가 있는 구간의 전방에 설치하는 송·수신용 안테나로 지상 정보를 열차로 보내 자동으로 열차의 감속을 유도하는 것

제92조(신호현시방식)

① 임시신호기의 신호현시방식은 다음과 같다.

종 류	신 호 현 시 방 식	
	주 간	야 간
서행신호	백색테두리를 한 등황색 원판	등황색등 또는 반사재
서행예고신호	흑색삼각형 3개를 그린 백색삼각형	흑색삼각형 3개를 그린 백색등 또는 반사재
서행해제신호	백색테두리를 한 녹색원판	녹색등 또는 반사재

② 서행신호기 및 서행예고신호기에는 서행속도를 표시하여야 한다.

제4절 수신호

제93조(수신호의 현시방법)

신호기를 설치하지 아니하거나 이를 사용하지 못하는 경우에 사용하는 수신호는 다음 각 호와 같이 현시한다.

1. 정지신호

가. 주간 : 적색기. 다만, 적색기가 없을 때에는 양팔을 높이 들거나 또는 녹색기외의 것을 급히 흔든다.

나. 야간 : 적색등. 다만, 적색등이 없을 때에는 녹색등 외의 것을 급히 흔든다.

2. 서행신호

가. 주간 : 적색기와 녹색기를 모아쥐고 머리 위에 높이 교차한다.

나. 야간 : 깜박이는 녹색등

3. 진행신호

가. 주간 : 녹색기. 다만, 녹색기가 없을 때는 한 팔을 높이 든다.

나. 야간 : 녹색등

제94조(선로에서 정상 운행이 어려운 경우의 조치)

선로에서 정상적인 운행이 어려워 열차를 정지하거나 서행시켜야 하는 경우로서 임시신호기를 설치할 수 없는 경우에는 다음 각 호의 구분에 따른 조치를 해야 한다. 다만, 열차의 무선전화로 열차를 정지하거나 서행시키는 조치를 한 경우에는 다음 각 호의 구분에 따른 조치를 생략할 수 있다.

1. 열차를 정지시켜야 하는 경우: 철도사고등이 발생한 지점으로부터 200미터 이상의 앞 지점에서 정지 수신호를 현시할 것
2. 열차를 서행시켜야 하는 경우: 서행구역의 시작지점에서 서행수신호를 현시하고 서행구역이 끝나는 지점에서 진행수신호를 현시할 것

제6절 전호

제98조(전호현시)

열차 또는 차량에 대한 전호는 전호기로 현시하여야 한다. 다만, 전호기가 설치되어 있지 아니하거나 고장이 난 경우에는 수전호 또는 무선전화기로 현시할 수 있다.

제99조(출발전호)

열차를 출발시키고자 할 때에는 출발전호를 하여야 한다.

제100조(기적전호)

다음 각 호의 어느 하나에 해당하는 경우에는 기관사는 기적전호를 하여야 한다.

1. 위험을 경고하는 경우
2. 비상사태가 발생한 경우

제101조(입환전호 방법)

① 입환작업자(기관사를 포함한다)는 서로 맨눈으로 확인할 수 있도록 다음 각 호의 방법으로 입환전호해야 한다.

1. 오너라전호

가. 주간: 녹색기를 좌우로 흔든다. 다만, 부득이한 경우에는 한 팔을 좌우로 움직임으로써 이를 대신할 수 있다.

나. 야간: 녹색등을 좌우로 흔든다.

2. 가거라전호

가. 주간: 녹색기를 위·아래로 흔든다. 다만, 부득이 한 경우에는 한 팔을 위·아래로 움직임으로써 이를 대신할 수 있다.

나. 야간: 녹색등을 위·아래로 흔든다.

3. 정지전호

가. 주간: 적색기. 다만, 부득이한 경우에는 두 팔을 높이 들어 이를 대신할 수 있다.

나. 야간: 적색등

② 제1항에도 불구하고 다음 각 호의 어느 하나에 해당하는 경우에는 무선전화를 사용하여 입환전호를 할 수 있다.

1. 무인역 또는 1인이 근무하는 역에서 입환하는 경우
2. 1인이 승무하는 동력차로 입환하는 경우
3. 신호를 원격으로 제어하여 단순히 선로를 변경하기 위하여 입환하는 경우

4. 지형 및 선로여건 등을 고려할 때 입환전호하는 작업자를 배치하기가 어려운 경우
5. 원격제어가 가능한 장치를 사용하여 입환하는 경우

제102조(작업전호)

다음 각 호의 어느 하나에 해당하는 때에는 전호의 방식을 정하여 그 전호에 따라 작업을 하여야 한다.

1. 여객 또는 화물의 취급을 위하여 정지위치를 지시할 때
2. 퇴행 또는 추진운전시 열차의 맨 앞 차량에 승무한 직원이 철도차량운전자에 대하여 운전상 필요한 연락을 할 때
3. 검사・수선연결 또는 해방을 하는 경우에 당해 차량의 이동을 금지시킬 때
4. 신호기 취급직원 또는 입환전호를 하는 직원과 선로전환기취급 직원간에 선로전환기의 취급에 관한 연락을 할 때
5. 열차의 관통제동기의 시험을 할 때

제7절 표지

제103조(열차의 표지)

열차 또는 입환 중인 동력차는 표지를 게시하여야 한다.

제104조(안전표지)

열차 또는 차량의 안전운전을 위하여 **안전표지**를 설치하여야 한다.

부 칙 <국토교통부령 제907호, 2021. 10. 26.>

이 규칙은 공포한 날부터 시행한다.

제 2 편
✻ 도시철도 운전규칙

도시철도운전규칙

[시행 2021. 8. 27.] [국토교통부령 제882호, 2021. 8. 27., 타법개정]

제1장 총칙

제1조(목적)

이 규칙은 「도시철도법」 제18조에 따라 도시철도의 운전과 차량 및 시설의 유지·보전에 필요한 사항을 정하여 도시철도의 안전운전을 도모함을 목적으로 한다.

제2조(적용범위)

도시철도의 운전에 관하여 이 규칙에서 정하지 아니한 사항이나 도시교통권역별로 서로 다른 사항은 법령의 범위에서 도시철도운영자가 따로 정할 수 있다.

제3조(정의)

이 규칙에서 사용하는 용어의 뜻은 다음과 같다.

1. **"정거장"** 이란 여객의 승차·하차, 열차의 편성, 차량의 입환(入換) 등을 위한 장소를 말한다.
2. **"선로"** 란 궤도 및 이를 지지하는 인공구조물을 말하며, 열차의 운전에 상용(常用)되는 본선(本線)과 그 외의 측선(側線)으로 구분된다.
3. **"열차"** 란 본선에서 운전할 목적으로 편성되어 열차번호를 부여받은 차량을 말한다.
4. **"차량"** 이란 선로에서 운전하는 열차 외의 전동차·궤도시험차·전기시험차 등을 말한다.
5. **"운전보안장치"** 란 열차 및 차량(이하 "열차등"이라 한다)의 안전운전을 확보하기 위한 장치로서 폐색장치, 신호장치, 연동장치, 선로전환장치, 경보장치, 열차자동정지장치, 열차자동제어장치, 열차자동운전장치, 열차종합제어장치 등을 말한다.
6. **"폐색(閉塞)"** 이란 선로의 일정구간에 둘 이상의 열차를 동시에 운전시키지 아니하는 것을 말한다.
7. **"전차선로"** 란 전차선 및 이를 지지하는 인공구조물을 말한다.
8. **"운전사고"** 란 열차등의 운전으로 인하여 사상자(死傷者)가 발생하거나 도시철도시설이 파손된 것을 말한다.
9. **"운전장애"** 란 열차등의 운전으로 인하여 그 열차등의 운전에 지장을 주는 것 중 운전사고에 해당하지 아니하는 것을 말한다.

10. **"노면전차"** 란 도로면의 궤도를 이용하여 운행되는 열차를 말한다.

11. **"무인운전"** 이란 사람이 열차 안에서 직접 운전하지 아니하고 관제실에서의 원격조종에 따라 열차가 자동으로 운행되는 방식을 말한다.

12. **"시계운전(視界運轉)"** 이란 사람의 맨눈에 의존하여 운전하는 것을 말한다.

제4조(직원 교육)

① 도시철도운영자는 도시철도의 안전과 관련된 업무에 종사하는 직원에 대하여 적성검사와 정해진 교육을 하여 도시철도 운전 지식과 기능을 습득한 것을 확인한 후 그 업무에 종사하도록 하여야 한다. 다만, 해당 업무와 관련이 있는 자격을 갖춘 사람에 대해서는 적성검사나 교육의 전부 또는 일부를 면제할 수 있다.

② 도시철도운영자는 소속직원의 자질 향상을 위하여 적절한 국내연수 또는 국외연수 교육을 실시할 수 있다.

제5조(안전조치 및 유지·보수 등)

① 도시철도운영자는 열차등을 안전하게 운전할 수 있도록 필요한 조치를 하여야 한다.

② 도시철도운영자는 재해를 예방하고 안전성을 확보하기 위하여 「시설물의 안전 및 유지관리에 관한 특별법」에 따라 도시철도시설의 안전점검 등 안전조치를 하여야 한다.

제6조(응급복구용 기구 및 자재 등의 정비)

도시철도운영자는 차량, 선로, 전력설비, 운전보안장치, 그 밖에 열차운전을 위한 시설에 재해·고장·운전사고 또는 운전장애가 발생할 경우에 대비하여 응급복구에 필요한 기구 및 자재를 항상 적당한 장소에 보관하고 정비하여야 한다.

제7조 삭제 <2006. 6. 21.>

제8조(안전운전계획의 수립 등)

도시철도운영자는 안전운전과 이용승객의 편의 증진을 위하여 장기·단기계획을 수립하여 시행하여야 한다.

제9조(신설구간 등에서의 시험운전)

도시철도운영자는 선로·전차선로 또는 운전보안장치를 신설·이설(移設) 또는 개조한 경우 그 설치상태 또는 운전체계의 점검과 종사자의 업무 숙달을 위하여 정상운전을 하기 전에 60일 이상 시험운전을 하여야 한다. 다만, 이미 운영하고 있는 구간을 확장·이설 또는 개조한 경우에는 관계 전문가의 안전진단을 거쳐 시험운전 기간을 줄일 수 있다.

제2장 선로 및 설비의 보전

제1절 선로

제10조(선로의 보전)

① 선로는 열차등이 도시철도운영자가 정하는 속도(이하 "지정속도"라 한다)로 안전하게 운전할 수 있는 상태로 보전(保全)하여야 한다.

제11조(선로의 점검・정비)

① 선로는 매일 한 번 이상 순회점검 하여야 하며, 필요한 경우에는 정비하여야 한다.

② 선로는 정기적으로 안전점검을 하여 안전운전에 지장이 없도록 유지・보수하여야 한다.

제12조(공사 후의 선로 사용)

선로를 신설・개조 또는 이설하거나 일시적으로 사용을 중지한 경우에는 이를 검사하고 시험운전을 하기 전에는 사용할 수 없다. 다만, 경미한 정도의 개조를 한 경우에는 그러하지 아니하다.

제2절 전력설비

제13조(전력설비의 보전)

전력설비는 열차등이 지정속도로 안전하게 운전할 수 있는 상태로 보전하여야 한다.

제14조(전차선로의 점검)

전차선로는 매일 한 번 이상 순회점검을 하여야 한다.

제15조(전력설비의 검사)

전력설비의 각 부분은 도시철도운영자가 정하는 주기에 따라 검사를 하고 안전운전에 지장이 없도록 정비하여야 한다.

제16조(공사 후의 전력설비 사용)

전력설비를 신설・이설・개조 또는 수리하거나 일시적으로 사용을 중지한 경우에는 이를 검사하고 시험운전을 하기 전에는 사용할 수 없다. 다만, 경미한 정도의 개조 또는 수리를 한 경우에는 그러하지 아니하다.

제3절 통신설비

제17조(통신설비의 보전)

통신설비는 항상 통신할 수 있는 상태로 보전하여야 한다.

제18조(통신설비의 검사 및 사용)

① 통신설비의 각 부분은 일정한 주기에 따라 검사를 하고 안전운전에 지장이 없도록 정비하여야 한다.

② 신설·이설·개조 또는 수리한 통신설비는 검사하여 기능을 확인하기 전에는 사용할 수 없다.

제4절 운전보안장치

제19조(운전보안장치의 보전)

운전보안장치는 완전한 상태로 보전하여야 한다.

제20조(운전보안장치의 검사 및 사용)

① 운전보안장치의 각 부분은 일정한 주기에 따라 검사를 하고 안전운전에 지장이 없도록 정비하여야 한다.

② 신설·이설·개조 또는 수리한 운전보안장치는 검사하여 기능을 확인하기 전에는 사용할 수 없다.

제5절 건축한계안의 물품유치금지

제21조(물품유치 금지)

차량 운전에 지장이 없도록 궤도상에 설정한 건축한계 안에는 열차등 외의 다른 물건을 둘 수 없다. 다만, 열차등을 운전하지 아니하는 시간에 작업을 하는 경우에는 그러하지 아니하다.

제22조(선로 등 검사에 관한 기록보존)

선로·전력설비·통신설비 또는 운전보안장치의 검사를 하였을 때에는 검사자의 성명·검사상태 및 검사일시 등을 기록하여 일정 기간 보존하여야 한다.

제3장 열차등의 보전

제23조(열차등의 보전)

열차등은 안전하게 운전할 수 있는 상태로 보전하여야 한다.

제24조(차량의 검사 및 시험운전)

① 제작·개조·수선 또는 분해검사를 한 차량과 일시적으로 사용을 중지한 차량은 검사하고 시험운전을 하기 전에는 사용할 수 없다. 다만, 경미한 정도의 개조 또는 수선을 한 경우에는 그러하지 아니하다.

② 차량의 각 부분은 일정한 기간 또는 주행거리를 기준으로 하여 그 상태와 작용에 대한 검사와 분해검사를 하여야 한다.

③ 제1항 및 제2항에 따른 검사를 할 때 차량의 전기장치에 대해서는 절연저항시험 및 절연 내력시험을 하여야 한다.

제25조(편성차량의 검사)

열차로 편성한 차량의 각 부분은 검사하여 안전운전에 지장이 없도록 하여야 한다.

제26조 삭제 <2004. 12. 4.>

제27조(검사 및 시험의 기록)

제24조 및 제25조에 따라 검사 또는 시험을 하였을 때에는 검사 종류, 검사자의 성명, 검사 상태 및 검사일 등을 기록하여 일정 기간 보존하여야 한다.

제4장 운전

제1절 열차의 편성

제28조(열차의 편성)

열차는 차량의 특성 및 선로 구간의 시설 상태 등을 고려하여 안전운전에 지장이 없도록 편성하여야 한다.

제29조(열차의 비상제동거리)

열차의 비상제동거리는 600미터이하로 하여야 한다.

제30조(열차의 제동장치)

열차에 편성되는 각 차량에는 제동력이 균일하게 작용하고 분리 시에 자동으로 정차할 수 있는 제동장치를 구비하여야 한다.

제31조(열차의 제동장치시험)

열차를 편성하거나 편성을 변경할 때에는 운전하기 전에 제동장치의 기능을 시험하여야 한다.

제2절 열차의 운전

제32조(열차등의 운전)

① 열차등의 운전은 열차등의 종류에 따라 「철도안전법」 제10조제1항에 따른 운전면허를 소지한 사람이 하여야 한다. 다만, 제32조의 2에 따른 무인운전의 경우에는 그러하지 아니하다.

② 차량은 열차에 함께 편성되기 전에는 정거장 외의 본선을 운전할 수 없다. 다만, 차량을 결합·해체하거나 차선을 바꾸는 경우 또는 그 밖에 특별한 사유가 있는 경우에는 그러하지 아니하다.

제32조의2(무인운전 시의 안전 확보 등)

도시철도운영자가 열차를 무인운전으로 운행하려는 경우에는 다음 각 호의 사항을 준수하여야 한다.

1. 관제실에서 열차의 운행상태를 실시간으로 감시 및 조치할 수 있을 것
2. 열차 내의 간이운전대에는 승객이 임의로 다룰 수 없도록 잠금장치가 설치되어 있을 것
3. 간이운전대의 개방이나 운전 모드(mode)의 변경은 관제실의 사전 승인을 받을 것

4. 운전 모드를 변경하여 수동운전을 하려는 경우에는 관제실과의 통신에 이상이 없음을 먼저 확인할 것
5. 승차 · 하차 시 승객의 안전 감시나 시스템 고장 등 긴급상황에 대한 신속한 대처를 위하여 필요한 경우에는 열차와 정거장 등에 안전요원을 배치하거나 안전요원이 순회하도록 할 것
6. 무인운전이 적용되는 구간과 무인운전이 적용되지 아니하는 구간의 경계 구역에서의 운전 모드 전환을 안전하게 하기 위한 규정을 마련해 놓을 것
7. 열차 운행 중 다음 각 목의 긴급상황이 발생하는 경우 승객의 안전을 확보하기 위한 조치 규정을 마련해 놓을 것
   가. 열차에 고장이나 화재가 발생하는 경우
   나. 선로 안에서 사람이나 장애물이 발견된 경우
   다. 그 밖에 승객의 안전에 위험한 상황이 발생하는 경우

제33조(열차의 운전위치)

열차는 맨 앞의 차량에서 운전하여야 한다. 다만, 추진운전, 퇴행운전 또는 무인운전을 하는 경우에는 그러하지 아니하다.

제34조(열차의 운전 시각)

열차는 도시철도운영자가 정하는 열차시간표에 따라 운전하여야 한다. 다만, 운전사고, 운전장애 등 특별한 사유가 있는 경우에는 그러하지 아니하다.

제35조(운전 정리)

도시철도운영자는 운전사고, 운전장애 등으로 열차를 정상적으로 운전할 수 없을 때에는 열차의 종류, 도착지, 접속 등을 고려하여 열차가 정상운전이 되도록 운전 정리를 하여야 한다.

제36조(운전 진로)

① 열차의 운전방향을 구별하여 운전하는 한 쌍의 선로에서 열차의 운전 진로는 우측으로 한다. 다만, 좌측으로 운전하는 기존의 선로에 직통으로 연결하여 운전하는 경우에는 좌측으로 할 수 있다.

② 다음 각 호의 어느 하나에 해당하는 경우에는 제1항에도 불구하고 운전 진로를 달리할 수 있다.

1. 선로 또는 열차에 고장이 발생하여 퇴행운전을 하는 경우
2. 구원열차(救援列車)나 공사열차(工事列車)를 운전하는 경우
3. 차량을 결합 · 해체하거나 차선을 바꾸는 경우
4. 구내운전(構內運轉)을 하는 경우
5. 시험운전을 하는 경우

6. 운전사고 등으로 인하여 일시적으로 단선운전(單線運轉)을 하는 경우

7. 그 밖에 특별한 사유가 있는 경우

제37조(폐색구간)

① 본선은 폐색구간으로 분할하여야 한다. 다만, 정거장 안의 본선은 그러하지 아니하다.

② 폐색구간에서는 둘 이상의 열차를 동시에 운전할 수 없다. 다만, 다음 각 호의 어느 하나에 해당하는 경우에는 그러하지 아니하다.

1. 고장난 열차가 있는 폐색구간에서 구원열차를 운전하는 경우
2. 선로 불통으로 폐색구간에서 공사열차를 운전하는 경우
3. 다른 열차의 차선 바꾸기 지시에 따라 차선을 바꾸기 위하여 운전하는 경우
4. 하나의 열차를 분할하여 운전하는 경우

제38조(추진운전과 퇴행운전)

① 열차는 추진운전이나 퇴행운전을 하여서는 아니 된다. 다만, 다음 각 호의 어느 하나에 해당하는 경우에는 그러하지 아니하다.

1. 선로나 열차에 고장이 발생한 경우
2. 공사열차나 구원열차를 운전하는 경우
3. 차량을 결합・해체하거나 차선을 바꾸는 경우
4. 구내운전을 하는 경우
5. 시설 또는 차량의 시험을 위하여 시험운전을 하는 경우
6. 그 밖에 특별한 사유가 있는 경우

② 노면전차를 퇴행운전하는 경우에는 주변 차량 및 보행자들의 안전을 확보하기 위한 대책을 마련하여야 한다.

제39조(열차의 동시출발 및 도착의 금지)

둘 이상의 열차는 동시에 출발시키거나 도착시켜서는 아니 된다. 다만, 열차의 안전운전에 지장이 없도록 신호 또는 제어설비 등을 완전하게 갖춘 경우에는 그러하지 아니하다.

제40조(정거장 외의 승차・하차금지)

정거장 외의 본선에서는 승객을 승차・하차시키기 위하여 열차를 정지시킬 수 없다. 다만, 운전사고 등 특별한 사유가 있을 때에는 그러하지 아니하다.

제41조(선로의 차단)

도시철도운영자는 공사나 그 밖의 사유로 선로를 차단할 필요가 있을 때에는 미리 계획을 수립한 후 그 계획에 따라야 한다. 다만, 긴급한 조치가 필요한 경우에는 운전업무를 총괄하는 사람(이하 "관제사"라 한다)의 지시에 따라 선로를 차단할 수 있다.

제42조(열차등의 정지)

① 열차등은 정지신호가 있을 때에는 즉시 정지시켜야 한다.

② 제1항에 따라 정차한 열차등은 진행을 지시하는 신호가 있을 때까지는 진행할 수 없다. 다만, 특별한 사유가 있는 경우 관제사의 속도제한 및 안전조치에 따라 진행할 수 있다.

제43조(열차등의 서행)

① 열차등은 서행신호가 있을 때에는 지정속도 이하로 운전하여야 한다.

② 열차등이 서행해제신호가 있는 지점을 통과한 후에는 정상속도로 운전할 수 있다.

제44조(열차등의 진행)

열차등은 진행을 지시하는 신호가 있을 때에는 지정속도로 그 표시지점을 지나 다음 신호기까지 진행할 수 있다.

제44조의2(노면전차의 시계운전)

시계운전을 하는 노면전차의 경우에는 다음 각 호의 사항을 준수하여야 한다.

1. 운전자의 가시거리 범위에서 신호 등 주변상황에 따라 열차를 정지시킬 수 있도록 적정 속도로 운전할 것
2. 앞서가는 열차와 안전거리를 충분히 유지할 것
3. 교차로에서 앞서가는 열차를 따라서 동시에 통과하지 않을 것

제3절 차량의 결합·해체등

제45조(차량의 결합·해체 등)

① 차량을 결합·해체하거나 차량의 차선을 바꿀 때에는 신호에 따라 하여야 한다.

② 본선을 이용하여 차량을 결합·해체하거나 열차등의 차선을 바꾸는 경우에는 다른 열차등과의 충돌을 방지하기 위한 안전조치를 하여야 한다.

제46조(차량결합 등의 장소)

정거장이 아닌 곳에서 본선을 이용하여 차량을 결합·해체하거나 차선을 바꾸어서는 아니 된다. 다만, 충돌방지 등 안전조치를 하였을 때에는 그러하지 아니하다.

제4절 선로전환기의 취급

제47조(선로전환기의 쇄정 및 정위치 유지)

① 본선의 선로전환기는 이와 관계있는 신호장치와 연동쇄정(聯動鎖錠)을 하여 사용하여야 한다.

② 선로전환기를 사용한 후에는 지체 없이 미리 정하여진 위치에 두어야 한다.

③ 노면전차의 경우 도로에 설치하는 선로전환기는 보행자 안전을 위해 열차가 충분히 접근하였을 때에 작동하여야 하며, 운전자가 선로전환기의 개통 방향을 확인할 수 있어야 한다.

제5절 운전속도

제48조(운전속도)

① 도시철도운영자는 열차등의 특성, 선로 및 전차선로의 구조와 강도 등을 고려하여 열차의 운전속도를 정하여야 한다.

② 내리막이나 곡선선로에서는 제동거리 및 열차등의 안전도를 고려하여 그 속도를 제한하여야 한다.

③ 노면전차의 경우 도로교통과 주행선로를 공유하는 구간에서는 「도로교통법」 제17조에 따른 최고속도를 초과하지 않도록 열차의 운전속도를 정하여야 한다.

제49조(속도제한)

도시철도운영자는 다음 각 호의 어느 하나에 해당하는 경우에는 운전속도를 제한하여야 한다.

1. 서행신호를 하는 경우
2. 추진운전이나 퇴행운전을 하는 경우
3. 차량을 결합·해체하거나 차선을 바꾸는 경우
4. 쇄정(鎖錠)되지 아니한 선로전환기를 향하여 진행하는 경우
5. 대용폐색방식으로 운전하는 경우
6. 자동폐색신호의 정지신호가 있는 지점을 지나서 진행하는 경우
7. 차내신호의 "0" 신호가 있은 후 진행하는 경우
8. 감속·주의·경계 등의 신호가 있는 지점을 지나서 진행하는 경우
9. 그 밖에 안전운전을 위하여 운전속도제한이 필요한 경우

제6절 차량의 유치

제50조(차량의 구름 방지)

① 차량을 선로에 두는 경우에는 저절로 구르지 않도록 필요한 조치를 하여야 한다.

② 동력을 가진 차량을 선로에 두는 경우에는 그 동력으로 움직이는 것을 방지하기 위한 조치를 마련하여야 하며, 동력을 가진 동안에는 차량의 움직임을 감시하여야 한다.

제5장 폐색방식

제1절 통칙

제51조(폐색방식의 구분)

① 열차를 운전하는 경우의 폐색방식은 일상적으로 사용하는 폐색방식(이하 "상용폐색방식"이라 한다)과 폐색장치의 고장이나 그 밖의 사유로 상용폐색방식에 따를 수 없을 때 사용하는 폐색방식(이하 "대용폐색방식"이라 한다)에 따른다.

② 제1항에 따른 폐색방식에 따를 수 없을 때에는 전령법(傳令法)에 따르거나 무폐색운전을 한다.

제2절 상용폐색방식

제52조(상용폐색방식)

상용폐색방식은 자동폐색식 또는 차내신호폐색식에 따른다.

제53조(자동폐색식)

자동폐색구간의 장내신호기, 출발신호기 및 폐색신호기에는 다음 각 호의 구분에 따른 신호를 할 수 있는 장치를 갖추어야 한다.

1. 폐색구간에 열차등이 있을 때: 정지신호
2. 폐색구간에 있는 선로전환기가 올바른 방향으로 되어 있지 아니할 때 또는 분기선 및 교차점에 있는 다른 열차등이 폐색구간에 지장을 줄 때: 정지신호
3. 폐색장치에 고장이 있을 때: 정지신호

제54조(차내신호폐색식)

차내신호폐색식에 따르려는 경우에는 폐색구간에 있는 열차등의 운전상태를 그 폐색구간에 진입하려는 열차의 운전실에서 알 수 있는 장치를 갖추어야 한다.

제3절 대용폐색방식

제55조(대용폐색방식)

대용폐색방식은 다음 각 호의 구분에 따른다.

1. 복선운전을 하는 경우: 지령식 또는 통신식
2. 단선운전을 하는 경우: 지도통신식

제56조(지령식 및 통신식)

① 폐색장치 및 차내신호장치의 고장으로 열차의 정상적인 운전이 불가능할 때에는 관제사가 폐색구간에 열차의 진입을 지시하는 지령식에 따른다.

② 상용폐색방식 또는 지령식에 따를 수 없을 때에는 폐색구간에 열차를 진입시키려는 역장 또는 소장이 상대 역장 또는 소장 및 관제사와 협의하여 폐색구간에 열차의 진입을 지시하는 통신식에 따른다.

③ 제1항 또는 제2항에 따른 지령식 또는 통신식에 따르는 경우에는 관제사 및 폐색구간 양쪽의 역장 또는 소장은 전용전화기를 설치·운용하여야 한다. 다만, 부득이한 사유로 전용전화기를 설치할 수 없거나 전용전화기에 고장이 발생하였을 때에는 다른 전화기를 이용할 수 있다.

제57조(지도통신식)

① 지도통신식에 따르는 경우에는 지도표 또는 지도권을 발급받은 열차만 해당 폐색구간을 운전할 수 있다.

② 지도표와 지도권은 폐색구간에 열차를 진입시키려는 역장 또는 소장이 상대 역장 또는 소장 및 관제사와 협의하여 발행한다.

③ 역장이나 소장은 같은 방향의 폐색구간으로 진입시키려는 열차가 하나뿐인 경우에는 지도표를 발급하고, 연속하여 둘 이상의 열차를 같은 방향의 폐색구간으로 진입시키려는 경우에는 맨 마지막 열차에 대해서는 지도표를, 나머지 열차에 대해서는 지도권을 발급한다.

④ 지도표와 지도권에는 폐색구간 양쪽의 역 이름 또는 소(所) 이름, 관제사, 명령번호, 열차번호 및 발행일과 시각을 적어야 한다.

⑤ 열차의 기관사는 제3항에 따라 발급받은 지도표 또는 지도권을 폐색구간을 통과한 후 도착지의 역장 또는 소장에게 반납하여야 한다.

제4절 전령법

제58조(전령법의 시행)

① 열차등이 있는 폐색구간에 다른 열차를 운전시킬 때에는 그 열차에 대하여 전령법을 시행한다.

② 제1항에 따른 전령법을 시행할 경우에는 이미 폐색구간에 있는 열차등은 그 위치를 이동할 수 없다.

제59조(전령자의 선정 등)

① 전령법을 시행하는 구간에는 한 명의 전령자를 선정하여야 한다.

② 제1항에 따른 전령자는 백색 완장을 착용하여야 한다.

③ 전령법을 시행하는 구간에서는 그 구간의 전령자가 탑승하여야 열차를 운전할 수 있다. 다만, 관제사가 취급하는 경우에는 전령자를 탑승시키지 아니할 수 있다.

제6장 신호

제1절 통칙

제60조(신호의 종류)

도시철도의 신호의 종류는 다음 각 호와 같다.

1. 신호: 형태・색・음 등으로 열차등에 대하여 운전의 조건을 지시하는 것
2. 전호(傳號): 형태・색・음 등으로 직원 상호간에 의사를 표시하는 것
3. 표지: 형태・색 등으로 물체의 위치・방향・조건을 표시하는 것

제61조(주간 또는 야간의 신호)

① 주간과 야간의 신호방식을 달리하는 경우에는 일출부터 일몰까지는 주간의 방식, 일몰부터 다음날 일출까지는 야간방식에 따라야 한다. 다만, 일출부터 일몰까지의 사이에 기상상태로 인하여 상당한 거리로부터 주간방식에 따른 신호를 확인하기 곤란할 때에는 야간방식에 따른다.

② 차내신호방식 및 지하구간에서의 신호방식은 야간방식에 따른다.

제62조(제한신호의 추정)

① 신호가 필요한 장소에 신호가 없을 때 또는 그 신호가 분명하지 아니할 때에는 정지신호가 있는 것으로 본다.

② 상설신호기 또는 임시신호기의 신호와 수신호가 각각 다를 때에는 열차등에 가장 많은 제한을 붙인 신호에 따라야 한다. 다만, 사전에 통보가 있었을 때에는 통보된 신호에 따른다.

제63조(신호의 겸용금지)

하나의 신호는 하나의 선로에서 하나의 목적으로 사용되어야 한다. 다만, 진로표시기를 부설한 신호기는 그러하지 아니하다.

제2절 상설신호기

제64조(상설신호기)

상설신호기는 일정한 장소에서 색등 또는 등열에 의하여 열차등의 운전조건을 지시하는 신호기를 말한다.

제65조(상설신호기의 종류)

상설신호기의 종류와 기능은 다음 각 호와 같다.

1. 주신호기

가. **차내신호기**: 열차등의 가장 앞쪽의 운전실에 설치하여 운전조건을 지시하는 신호기

나. **장내신호기**: 정거장에 진입하려는 열차등에 대하여 신호기 뒷방향으로의 진입이 가능한지를 지시하는 신호기

다. **출발신호기**: 정거장에서 출발하려는 열차등에 대하여 신호기 뒷방향으로의 진입이 가능한지를 지시하는 신호기

라. **폐색신호기**: 폐색구간에 진입하려는 열차등에 대하여 운전조건을 지시하는 신호기

마. **입환신호기**: 차량을 결합·해체하거나 차선을 바꾸려는 차량에 대하여 신호기 뒷방향으로의 진입이 가능한지를 지시하는 신호기

2. 종속신호기

가. **원방신호기**: 장내신호기 및 폐색신호기에 종속되어 그 신호상태를 예고하는 신호기

나. **중계신호기**: 주신호기에 종속되어 그 신호상태를 중계하는 신호기

3. 신호부속기

가. **진로표시기**: 장내신호기, 출발신호기, 진로개통표시기 또는 입환신호기에 부속되어 열차등에 대하여 그 진로를 표시하는 것

나. **진로개통표시기**: 차내신호기를 사용하는 본선로의 분기부에 설치하여 진로의 개통상태를 표시하는 것

제66조(상설신호기의 종류 및 신호 방식)

상설신호기는 계기·색등 또는 등열(燈列)로써 다음 각 호의 방식으로 신호하여야 한다.

1. 주신호기

가. 차내신호기

신호의 종류 / 주간·야간별	정지신호	진행신호
주간 및 야간	"0"속도를 표시	지령속도를 표시

나. 장내신호기, 출발신호기 및 폐색신호기

방식	신호의 종류 / 주간·야간별	정지신호	경계신호	주의신호	감속신호	진행신호
색등식	주간 및 야간	적색등	상하위 등황색등	등황색등	상위는 등황색등 하위는 녹색등	녹색등

다. 입환신호기

방식	신호의 종류 / 주간·야간별	정지신호	진행신호
색등식	주간 및 야간	적색등	등황색등

2. 종속신호기

가. 원방신호기

방식	신호의 종류 / 주간·야간별	주신호기가 정지신호를 할 경우	주신호기가 진행을 지시하는 신호를 할 경우
색등식	주간 및 야간	등황색등	녹색등

나. 중계신호기

방식	신호의 종류 / 주간·야간별	주신호기가 정지신호를 할 경우	주신호기가 진행을 지시하는 신호를 할 경우
색등식	주간 및 야간	적색등	주신호기가 한 진행을 지시하는 색등

3. 신호부속기

가. 진로표시기

방식	주간 · 야간별 \ 개통방향	좌측진로	중앙진로	우측진로
색등식	주간 및 야간	흑색바탕에 좌측방향 백색화살표 ←	흑색바탕에 수직방향 백색화살표 ↑	흑색바탕에 우측방향 백색화살표 →
문자식	주간 및 야간	4각 흑색바탕에 문자 A 1		

나. 진로개통표시기

방식	주간 · 야간별 \ 개통방향	진로가 개통되었을 경우		진로가 개통되지 아니한 경우	
색등식	주간 및 야간	등황색등	● ○	적색등	○ ●

제67조(임시신호기의 설치)

선로가 일시 정상운전을 하지 못하는 상태일때에는 그 구역의 앞쪽에 임시신호기를 설치하여야 한다.

제68조(임시신호기의 종류)

임시신호기의 종류는 다음 각 호와 같다.

1. **서행신호기**
   서행운전을 필요로 하는 구역에 진입하는 열차등에 대하여 그 구간을 서행할 것을 지시하는 신호기

2. **서행예고신호기**
   서행신호기가 있을 것임을 예고하는 신호기

3. **서행해제신호기**
   서행운전구역을 지나 운전하는 열차등에 대하여 서행 해제를 지시하는 신호기

제69조(임시신호기의 신호방식)

① 임시신호기의 형태·색 및 신호방식은 다음과 같다.

방식	개통방향 / 주간 · 야간별	진로가 개통되었을 경우		진로가 개통되지 아니한 경우	
색등식	주간 및 야간	등황색등	● ○	적색등	○ ●

신호의 종류 / 주간 · 야간별	서행신호	서행예고신호	서행해제신호
주간	백색 테두리의 황색 원판	흑색 삼각형 무늬 3개를 그린 3각형판	백색 테두리의 녹색 원판
야간	등황색등	흑색 삼각형 무늬 3개를 그린 백색등	녹색등

② 임시신호기 표지의 배면(背面)과 배면광(背面光)은 백색으로 하고, 서행신호기에는 지정속도를 표시하여야 한다.

제4절 수신호

第70조(수신호방식)

신호기를 설치하지 아니한 경우 또는 신호기를 사용하지 못할 경우에는 다음 각 호의 방식으로 수신호를 하여야 한다.

1. 정지신호

가. 주간: 적색기. 다만, 부득이한 경우에는 두 팔을 높이 들거나 또는 녹색기 외의 물체를 급격히 흔드는 것으로 대신할 수 있다.

나. 야간: 적색등. 다만, 부득이한 경우에는 녹색등 외의 등을 급격히 흔드는 것으로 대신할 수 있다.

2. 진행신호

가. 주간: 녹색기. 다만, 부득이한 경우에는 한 팔을 높이 드는 것으로 대신할 수 있다.

나. 야간: 녹색등

3. 서행신호

가. 주간: 적색기와 녹색기를 머리 위로 높이 교차한다. 다만, 부득이한 경우에는 양팔을 머리 위로 높이 교차하는 것으로 대신할 수 있다.

나. 야간: 명멸(明滅)하는 녹색등

第71조(선로 지장 시의 방호신호)

선로의 지장으로 인하여 열차등을 정지시키거나 서행시킬 경우, 임시신호기에 따를 수 없을 때에는 지장지점으로부터 200미터 이상의 앞 지점에서 정지수신호를 하여야 한다.

제5절 전호

제72조(출발전호)

열차를 출발시키려 할 때에는 출발전호를 하여야 한다. 다만, 승객안전설비를 갖추고 차장을 승무(乘務)시키지 아니한 경우에는 그러하지 아니하다.

제73조(기적전호)

다음 각 호의 어느 하나에 해당하는 경우에는 기적전호를 하여야 한다.

1. 비상사고가 발생한 경우
2. 위험을 경고할 경우

제74조(입환전호)

입환전호방식은 다음과 같다.

1. 접근전호
   가. 주간: 녹색기를 좌우로 흔든다. 다만, 부득이한 경우에는 한 팔을 좌우로 움직이는 것으로 대신할 수 있다.
   나. 야간: 녹색등을 좌우로 흔든다.
2. 퇴거전호
   가. 주간: 녹색기를 상하로 흔든다. 다만, 부득이한 경우에는 한 팔을 상하로 움직이는 것으로 대신할 수 있다.
   나. 야간: 녹색등을 상하로 흔든다.
3. 정지전호
   가. 주간: 적색기를 흔든다. 다만, 부득이한 경우에는 두 팔을 높이 드는 것으로 대신할 수 있다.
   나. 야간: 적색등을 흔든다.

제6절 표지

제75조(표지의 설치)

도시철도운영자는 열차등의 안전운전에 지장이 없도록 운전관계표지를 설치하여야 한다.

제7절 노면전차 신호

제76조(노면전차 신호기의 설계)

노면전차의 신호기는 다음 각 호의 요건에 맞게 설계하여야 한다.

1. 도로교통 신호기와 혼동되지 않을 것
2. 크기와 형태가 눈으로 볼 수 있도록 뚜렷하고 분명하게 인식될 것

부　　칙 <국토교통부령 제882호, 2021. 8. 27.>

(어려운 법령용어 정비를 위한 80개 국토교통부령 일부개정령)

이 규칙은 공포한 날부터 시행한다. <단서 생략>

제 3 편

※ 철도사고 · 장애, 철도차량고장 등에 따른

의무보고 및 철도안전 자율보고에 관한 지침

에듀컨텐츠·휴피아
ECH Educontents·Huepia

철도사고·장애, 철도차량고장 등에 따른 의무보고 및 철도안전 자율보고에 관한 지침

[시행 2021. 3. 9.] [국토교통부고시 제2021-350호, 2021. 3. 9., 일부개정.]

제1장 총칙

제1조(목적)

이 지침은 다음 각 호의 보고의 절차 및 방법 등의 세부사항을 정하는 것을 목적으로 한다.

1. 「철도안전법 시행규칙」(이하 "규칙"이라 한다.) *제86조제3항*에 따른 철도사고등 의무보고
2. *규칙 제87조제3항 및 제5항*에 따른 철도차량에 발생한 고장, 결함 또는 기능장애 보고
3. *규칙 제88조제1항 및 제3항*에 따른 철도안전 자율보고

제2조(정의)

① 이 지침에서 사용하는 "철도사고"라 함은 「철도안전법」(이하 "법"이라 한다.) 제2조 제11호에 따른 철도사고를 말하며(단 전용철도에서 발생한 사고는 제외한다.), 규칙 제1조의2에서 별도로 정하지 않은 세부분류기준은 다음 각 호와 같다.

1. 규칙 제1조의2 제1호 라목의 **"기타철도교통사고"**란 다음 각 목의 어느 하나에 해당하는 것을 말한다.
   가. 위험물사고 : 열차에서 위험물(「철도안전법」 시행령 제45조에 따른 위험물을 말한다. 이하 같다) 또는 위해물품(규칙 제78조제1항에 따른 위해물품을 말한다. 이하 같다)이 누출되거나 폭발하는 등으로 사상자 또는 재산피해가 발생한 사고
   나. 건널목사고 : 「건널목개량촉진법」 제2조에 따른 건널목에서 열차 또는 철도차량과 도로를 통행하는 차마(「도로교통법」 제2조제17호에 따른 차마를 말한다), 사람 또는 기타 이동 수단으로 사용하는 기계기구와 충돌하거나 접촉한 사고
   다. 철도교통사상사고 : 규칙 제1조의2의 "충돌사고", "탈선사고", "열차화재사고"를 동반하지 않고, 위 가목, 나목을 동반하지 않고 열차 또는 철도차량의 운행으로 여객(이하 철도를 이용하여 여행할 목적으로 역구내에 들어온 사람이나 열차를 이용 중인 사람을 말한다.), 공중(公衆), 직원(이하 계약을 체결하여 철도운영자등의 업무를 수행하는 사람을 포함한다.)이 사망하거나 부상을 당한 사고

2. 규칙 제1조의2 제2호 다목의 **"기타철도안전사고"**란 다음 각 목의 어느 하나에 해당하는 것을 말한다.

가. 철도안전사상사고 : 규칙 제1조의2의 "철도화재사고" , "철도시설파손사고"를 동반하지 않고 대합실, 승강장, 선로 등 철도시설에서 추락, 감전, 충격 등으로 여객, 공중(公衆), 직원이 사망하거나 부상을 당한 사고

나. 기타안전사고 : 위 가목의 사고에 해당되지 않는 기타철도안전사고

② 이 지침에서 사용하는 "철도준사고"라 함은 법 제2조제12호에 따른 철도준사고를 말한다.

③ 이 지침에서 사용하는 "운행장애"라 함은 법 제2조제13호에 따른 운행장애를 말한다.

④ 이 지침에서 사용하는 "사상자"라 함은 다음 각 호의 인명피해를 말한다.

1. **사망자** : 사고로 즉시 사망하거나 30일 이내에 사망한 사람
2. **부상자** : 사고로 24시간 이상 입원 치료한 사람
3. 삭제

⑤ 이 지침에서 사용하는 "철도안전정보관리시스템"이라 함은 「철도안전법 시행령」(이하 "영"이라 한다) 제63조제1항제7호에 따라 구축되는 정보시스템을 말한다.

[별표 3]

철도사고등의 분류기준

<table>
<tr><td rowspan="14">철도사고</td><td rowspan="8">철도교통사고</td><td colspan="3">충돌사고</td></tr>
<tr><td colspan="3">탈선사고</td></tr>
<tr><td colspan="3">열차화재사고</td></tr>
<tr><td rowspan="5">기타철도 교통사고</td><td colspan="2">위험물사고</td></tr>
<tr><td colspan="2">건널목사고</td></tr>
<tr><td rowspan="3">철도교통사상사고</td><td>여객</td></tr>
<tr><td>공중(公衆)</td></tr>
<tr><td>직원</td></tr>
<tr><td rowspan="6">철도안전사고</td><td colspan="3">철도화재사고</td></tr>
<tr><td colspan="3">철도시설파손사고</td></tr>
<tr><td rowspan="4">기타철도안전사고</td><td rowspan="3">철도안전사상사고</td><td>여객</td></tr>
<tr><td>공중(公衆)</td></tr>
<tr><td>직원</td></tr>
<tr><td colspan="2">기타안전사고</td></tr>
<tr><td>철도준사고</td><td colspan="4">철도준사고</td></tr>
<tr><td>운행장애</td><td colspan="4">무정차통과, 운행지연</td></tr>
<tr><td colspan="5">철도재난</td></tr>
</table>

주) 1. 하나의 철도사고로 인하여 다른 철도사고가 유발된 경우에는 최초에 발생한 사고로 분류함(단, 충돌・탈선・열차화재사고 이외의 철도사고로 인하여 충돌・탈선・열차화재사고가 유발된 경우에는 충돌・탈선・열차화재사고로 분류함)
2. 철도사고등이 재난으로 인하여 발생한 경우에는 재난과 철도사고,철도준사고, 또는 운행장애로 각각으로 분류함
3. 철도준사또는 운행장애가 철도사고로 인하여 발생한 경우에는 철도사고로 분류함

제3조(적용범위)

① 법 제61조에 따른 철도사고・준사고 및 운행장애(이하 "철도사고등"이라 한다)의 보고절차 및 방법

② 법 제61조의2에 따른 철도차량 등에 발생한 고장 등의 보고(이하 "고장보고"라 한다.)와 관련하여 보고절차 및 방법

③ 법 제61조의3에 따른 철도안전 자율보고(이하 "자율보고"라 한다.)의 접수・분석 및 전파에 필요한 절차와 방법

제2장 철도사고등의 의무보고

제4조(철도사고등의 즉시보고)

① 철도운영자등 (법 제4조에 따른 철도운영자 및 철도시설관리자를 말한다. 전용철도의 운영자는 제외한다. 이하 같다)이 규칙 제86조제1항의 즉시보고를 할 때에는 *별표 1*의 보고계통에 따라 전화 등 가능한 통신수단을 이용하여 구두로 다음 각 호와 같이 보고하여야 한다.

1. 일과시간 : 국토교통부(관련과) 및 항공・철도사고조사위원회
2. 일과시간 이외 : 국토교통부 당직실

② 제1항의 즉시보고는 사고발생 후 30분 이내에 하여야 한다.

③ 제1항의 즉시보고를 접수한 때에는 지체 없이 사고관련 부서(팀) 및 항공・철도사고조사위원회에 그 사실을 통보하여야 한다.

④ 철도운영자등은 제1항의 사고 보고 후 *제5조제4항제1호 및 제2호*에 따라 국토교통부장관에게 보고하여야 한다.

⑤ 제4항의 보고 중 종결보고는 철도안전정보관리시스템을 통하여 보고할 수 있다.

⑥ 철도운영자등은 제1항의 즉시보고를 신속하게 할 수 있도록 비상연락망을 비치하여야 한다.

[별표 1]

철 도 사 고 등 의 보 고 계 통

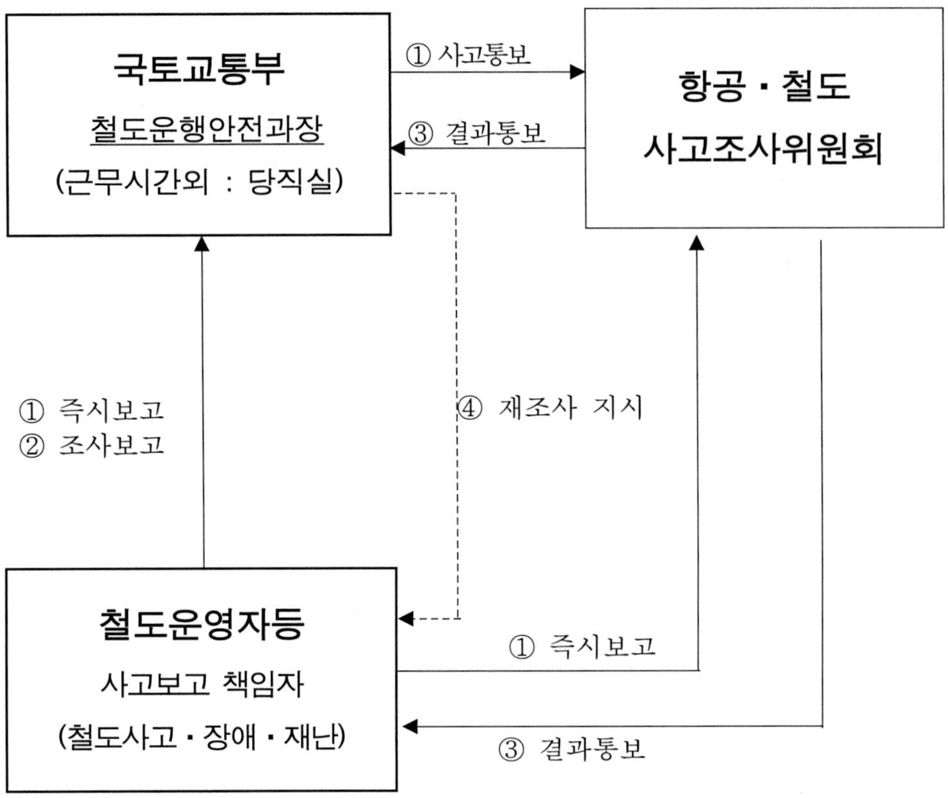

① 철도운영자등이 제4조에 따라 즉시보고(통보)

② 철도운영자등이 제5조에 따라 사고원인에 대한 자체조사결과보고

③ 항공 · 철도사고조사위원회에서 사고원인에 대한 조사결과 통보(개선권고 등)

④ 국토교통부장관이 제7조에 따라 자체조사결과에 대한 재조사 지시

제5조(철도사고등의 조사보고)

① 철도운영자등이 법 제61조제2항에 따라 **사고내용을 조사하여 그 결과를 보고하여야 할 철도사고등은** *영 제57조*에 따른 철도사고등을 제외한다.

※시행령 제57조(국토교통부장관에게 즉시 보고하여야 하는 철도사고등)

법 제61조제1항에서 "사상자가 많은 사고 등 대통령령으로 정하는 철도사고등"이란 다음 각 호의 어느 하나에 해당하는 사고를 말한다.

1. **열차의 충돌이나 탈선사고**
2. 철도차량이나 열차에서 **화재가 발생하여 운행을 중지**시킨 사고
3. 철도차량이나 열차의 운행과 관련하여 **3명 이상 사상자**가 발생한 사고
4. 철도차량이나 열차의 운행과 관련하여 **5천만원 이상의 재산피해**가 발생한 사고

② 철도운영자등은 제1항의 조사보고 대상 가운데 다음 각 호의 사항에 대한 규칙 제86조제2항제1호의 초기보고는 철도사고등이 발생한 후 또는 사고발생 신고(여객 또는 공중(公衆)이 사고발생 신고를 하여야 알 수 있는 열차와 승강장사이 발빠짐, 승하차시 넘어짐, 대합실에서 추락·넘어짐 등의 사고를 말한다)를 접수한 후 1시간 이내에 사고발생현황을 *별표 1*의 보고계통에 따라 전화 등 가능한 통신수단을 이용하여 국토교통부(관련과)에 보고하여야 한다.

1. 영 제57조에 따른 철도사고등을 제외한 철도사고
2. 철도준사고
3. 규칙 제1조의4 제2호에 따른 지연운행으로 인하여 열차운행이 고속열차 및 전동열차는 40분, 일반여객열차는 1시간 이상 지연이 예상되는 사건
4. 그 밖에 언론보도가 예상되는 등 사회적 파장이 큰 사건

③ 철도운영자등은 제2항 각 호에 해당하지 않는 제1항에 따른 조사보고 대상에 대하여는 **철도사고등이 발생한 후 또는 사고발생 신고를 접수한 후 72시간 이내**(해당 기간에 포함된 토요일 및 법정공휴일에 해당하는 시간은 제외한다)에 규칙 제86조제2항제1호에 따른 초기보고를 별표 1의 보고계통에 따라 전화 등 가능한 통신수단을 이용하여 국토교통부(관련과)에 보고하여야 한다.

④ 철도운영자등은 제2항 또는 제3항에 따른 보고 후에 규칙 제86조제2항제2호와 제3호에 따라 중간보고 및 종결보고를 다음 각 호와 같이 하여야 한다.

1. 중간보고는 제1항의 철도사고등이 발생한 후 별지 제1호서식의 철도사고보고서에 사고수습 및 복구사항 등을 작성하여 사고수습·복구기간 중에 1일 2회 또는 수습상황 변동시 등 수시로 보고할 것.(다만 사고수습 및 복구상황의 신속한 보고를 위해 필요한 경우에는 전화 등 가능한 통신수단으로 보고 가능)
2. 종결보고는 발생한 철도사고등의 수습·복구(임시복구 포함)가 끝나 열차가 정상 운행하는 시점을 기준으로 다음달 15일 이전에 다음 각 목의 사항이 포함된 조사결과 보고서와 *별표 2*의 사고현장상황 및 사고발생원인 조사표를 작성하여 보고 할 것.
   가. 철도사고등의 조사 경위

나. 철도사고등과 관련하여 확인된 사실

다. 철도사고등의 원인 분석

라. 철도사고등에 대한 대책 등

3. 규칙 제1조의2 제2호의 자연재난이 발생한 경우에는 「재난 및 안전관리 기본법」 제20조제4항과 같은 법 시행규칙 별지 제1호서식의 재난상황 보고서를 작성하여 보고할 것.

⑤ 제3항의 초기보고 및 제4항제2호의 종결보고는 철도안전정보관리시스템을 통하여 할 수 있다.

[별지 제1호 서식]

철 도 사 고 보 고 서

작성기관 :

제출일자 : 년 월 일

<table>
<tr><td>① 발생일시</td><td colspan="5">년 월 일(요일) :</td><td>일련번호</td><td></td></tr>
<tr><td>② 사고유형</td><td colspan="4">(탈선량수: 량)</td><td>③기상상태</td><td colspan="2">(℃)</td></tr>
<tr><td rowspan="3">④ 발생장소</td><td>행정구역</td><td colspan="6">도(시) 시(군·구) 동(면)</td></tr>
<tr><td>선별구간</td><td colspan="6">선(상행선/하행선)
역 ~ (역간) 기점 km지점</td></tr>
<tr><td>건널목</td><td colspan="3">( )건널목, 제( )종</td><td>안내원</td><td colspan="2">(있음, 없음)</td></tr>
<tr><td>⑤ 관계열차</td><td colspan="7">종류: (제 호), 편성: 량, 운행구간:</td></tr>
<tr><td rowspan="6">⑥ 피해상황</td><td rowspan="2">인명피해</td><td rowspan="2">총 명</td><td colspan="5">사망자 명 (여객: 명, 공중(公衆): 명, 직원: 명)</td></tr>
<tr><td colspan="5">부상자 명 (여객: 명, 공중(公衆): 명, 직원: 명)</td></tr>
<tr><td>차량피해</td><td colspan="6">파손: 량 (대파 : 중파 : 소파 :)</td></tr>
<tr><td>시설피해</td><td colspan="6"></td></tr>
<tr><td>운행지장</td><td colspan="2">운휴 : 지연열차:
(지연시분: ~)</td><td>본선지장</td><td colspan="3">지장시간 :
(복구: 월 일 시 분)</td></tr>
<tr><td>피해액</td><td colspan="6">총계 : 백만원(사상자보상: 재산: 기타:)</td></tr>
<tr><td rowspan="2">⑦ 관계자</td><td>소속</td><td>직종</td><td>직급</td><td>성명</td><td>연령</td><td colspan="2">기타사항</td></tr>
<tr><td></td><td></td><td></td><td></td><td></td><td colspan="2"></td></tr>
<tr><td>⑧ 사고개요</td><td colspan="7"></td></tr>
</table>

⑨ 보고자	소속: 직명: 성명: (Tel.)

210mm×297mm

(뒤)

⑩ 발생경위 및 조치내용	*※ 필요한 경우 별도서식으로 작성*
⑪ 사고원인	*※ 필요한 경우 별도서식으로 작성*
⑫ 예방대책	*※ 필요한 경우 별도서식으로 작성*

210mm×297mm

※ 붙임 : 1. 별표 2의 사고현장상황 및 사고발생원인조사표
2. 현장약도 등 사고원인을 파악하는데 필요한 서류

〈작성요령〉

1. 일련번호는 연도 구분하여 발생순서에 따라 순차 적용
2. ②사고유형은 별표 3의 철도사고등의 분류기준에 따라 기재
3. ③기상상태의 날씨는 맑음, 구름, 비, 눈으로 구분하고 안개의 유무를 기재
4. ④발생장소의 건널목 종류는 "철도시설의 기술기준" 제69조에 따라 분류된 건널목의 종류를 기재
5. ⑤관계열차는 아래 표의 구분에 따라 기재

종류	고속여객열차, 일반여객열차, 도시전동열차, 화물열차, 혼합열차, 기관차, 단행열차, 시운전열차, 입환차량, 시험차량, 작업차량, 기타
열차번호	각 운영기관에서 사용하는 고유번호

6. ⑥인명피해의 사상자는 제2조제4항에 따라 기재하고, 차량피해는 파손된 차량과 파손의 정도를 대파, 중파, 소파로 구분하여 기재하며, 시설피해는 피해시설물과 피해정도를 대파, 중파, 소파로 기재

7. ⑥의 피해액은 사상자보상, 시설피해액, 차량피해액, 운임환불 등 직접손실액을 기재
8. ⑦관계자는 운전자, 관제사, 운전취급자, 승무원 등 직/간접적으로 사고와 관련된 사람을 기재
9. ⑧사고의 내용을 쉽게 이해할 수 있도록 육하원칙에 따라 기술
10. ⑩발생경위 및 조치사항은 사고발생 배경과 초기대응 상황을 파악하는데 필요한 내용을 상세하게 기술하고 필요한 경우 도면, 사진 등 참고자료 첨부
11. ⑪사고원인은 해당사고의 원인을 정확히 파악할 수 있도록 직접원인뿐아니라 배경원인을 상세하게 기술하고 필요한 경우 도면, 사진 등 참고자료 첨부
12. ⑫예방대책은 동종의 사고를 예방할 수 있는 대책을 현실성 있게 수립하여 기재

제6조 삭제

제7조(철도운영자의 사고보고에 대한 조치)

① 국토교통부장관은 제4조 또는 제5조의 규정에 따라 철도운영자등이 보고한 철도사고보고서의 내용이 미흡하다고 인정되는 경우에는 당해 내용을 보완 할 것을 지시하거나 철도안전감독관 등 관계전문가로 하여금 미흡한 내용을 조사토록 할 수 있다.

② 국토교통부장관은 제4조 또는 제5조의 규정에 의하여 철도운영자등이 보고한 내용이 철도사고등의 재발을 방지하기 위하여 필요한 경우 그 내용을 발표할 수 있다. 다만, 관련내용이 공개됨으로써 당해 또는 장래의 정확한 사고조사에 영향을 줄 수 있거나 개인의 사생활이 침해될 우려가 있는 다음 각 호의 내용은 공개하지 아니할 수 있다.

1. 사고조사과정에서 관계인들로부터 청취한 진술
2. 열차운행과 관계된 자들 사이에 행하여진 통신기록
3. 철도사고등과 관계된 자들에 대한 의학적인 정보 또는 사생활 정보
4. 열차운전실 등의 음성자료 및 기록물과 그 번역물
5. 열차운행관련 기록장치 등의 정보와 그 정보에 대한 분석 및 제시된 의견
6. 철도사고등과 관련된 영상 기록물

제9조(둘 이상의 기관과 관련된 사고의 처리)

둘 이상의 철도운영자등이 관련된 철도사고등이 발생된 경우 해당 철도운영자등은 공동으로 조사를 시행할 수 있으며, 다음 각 호의 구분에 따라 보고하여야 한다.

1. 제4조 및 제5조에 따른 최초 보고: 사고 발생 구간을 관리하는 철도운영자등
2. 제1호의 보고 이후 조사 보고 등
   가. 보고 기한일 이전에 사고원인이 명확하게 밝혀진 경우 : 철도차량 관련 사고 등은 해당 철도차량 운영자, 철도시설 관련 사고 등은 철도시설 관리자.
   나. 보고 기한일 이전에 사고원인이 명확하게 밝혀지지 않은 경우 : 사고와 관련된 모든 철도차량 운영자 및 철도시설 관리자

제3장 철도차량 등에 발생한 고장 등의 의무 보고

제10조(고장보고 방법)

고장보고를 할 때에는 관련서식에 따라 국토교통부장관(철도운행안전과장) 공문과 fax를 통해 보고하여야 한다.

제11조(고장보고의 기한)

법 제61조의2에 따른 고장보고는 보고자가 관련사실을 인지한 후 7일 이내로 한다.

제12조(고장보고 내용의 전파 및 조치)

① 제10조 및 제11조에 따라 고장보고를 접수한 국토교통부장관은 필요한 경우 관련 부서(철도운영기관, 한국철도기술연구원, 한국교통안전공단 등)에 그 사실을 통보하여야 한다.

② 제10조 및 제11조에 따라 보고를 받은 국토교통부장관은 필요하다고 판단하는 경우, 법 제31조 제1항 제5호 및 규칙 제72조 제1항 제3호에 따른 철도차량 또는 철도용품에 결함이 있는 여부에 대한 조사를 실시할 수 있다.

제4장 철도안전 자율보고

제13조(자율보고 방법)

자율보고의 보고자는 다음 각 호의 방법에 따라 보고할 수 있다.

1. 유선전화 : 054)459-7323
2. 전자우편 : krails@kotsa.or.kr
3. 인터넷 웹사이트 : www.railsafety.or.kr

제14조(자율보고 매뉴얼 작성 등)

① 한국교통안전공단(이하 "공단"이라 한다) 이사장은 자율보고 접수·분석 및 전파에 필요한 세부 방법·절차 등을 규정한 철도안전 자율보고 매뉴얼(이하 "자율보고 매뉴얼"이라 한

다)을 제정하여야 한다.

② 공단 이사장은 자율보고 매뉴얼을 제정하거나 변경할 때에는 국토교통부장관에게 사전 승인을 받아야 한다.

③ 공단 이사장은 자율보고 매뉴얼 중 업무처리절차 등 주요 내용에 대하여는 보고자가 인터넷 등 온라인을 통해 쉽게 열람할 수 있도록 조치하여야 한다.

제15조(조치 등)

① 국토교통부장관은 철도안전 자율보고의 접수 및 처리업무에 관하여 필요한 지시를 하거나 조치를 명할 수 있다.

제16조(업무담당자 지정 등)

① 공단 이사장은 자율보고 접수・분석 및 전파에 관한 업무를 담당할 내부 부서 및 임직원을 지정하고, 직무범위와 책임을 부여하여야 한다.

② 공단 이사장은 제1항에 따라 지정한 담당 임직원이 해당업무를 수행하기 전에 자율보고 업무와 관련한 법령, 지침 및 제4조제1항에 따른 자율보고 매뉴얼에 대한 초기교육을 시행하여야 한다.

제17조(자율보고 등의 접수)

① 공단 이사장은 자율보고를 접수한 경우 보고자에게 접수번호를 제공하여야 한다.

② 공단 이사장은 제1항에 따른 자율보고 내용을 파악한 후 누락 또는 부족한 내용이 있는 경우 보고자에게 추가 정보 제공 등을 요청하거나 관련 현장을 방문할 수 있다.

③ 공단 이사장은 보고내용이 긴급히 철도안전에 영향을 미칠 수 있다고 판단되는 경우 지체 없이 철도운영자등에게 통보하여 조치를 취하도록 하여야 한다.

④ 철도운영자등은 통보받은 보고내용의 진위여부, 조치 필요성 등을 확인하고, 필요한 경우 조치를 취하여야 한다.

⑤ 철도운영자등은 보고내용에 대한 조치가 완료된 이후 10일 이내에 해당 조치결과를 공단 이사장에게 통보하여야 한다.

제18조(보고자 개인정보 보호)

① 공단 이사장은 보고자의 의사에 반하여 보고자의 개인정보를 공개하여서는 아니 된다.

② 공단 이사장은 제1항에 따라 보고자의 의사에 반하여 개인정보가 공개되지 않도록 업무처리절차를 마련하여 시행하여야 하며, 관계 임직원이 이를 준수하도록 하여야 한다.

제19조(자율보고 분석)

① 공단 이사장은 제7조에 따라 접수한 자율보고에 대하여 초도 분석을 실시하고 분석결과를 월 1회(전월 접수된 건에 대한 초도 분석결과를 토요일 및 공휴일을 제외한 업무일 기준 10일 내에) 국토교통부장관에게 제출하여야 한다.

② 공단 이사장은 제1항에 따른 초도분석에 이어 위험요인(Hazard) 분석, 위험도(Safety Risk) 평가, 경감조치(관계기관 협의, 전파) 등 해당 발생 건에 대한 위험도를 관리하기 위해 심층분석을 실시하여야 한다. 필요한 경우 분석회의를 구성 및 운영할 수 있다.

③ 공단 이사장은 제2항에 따른 심층분석 결과를 분기 1회(전 분기 접수된 건에 대한 심층분석 결과를 다음 분기까지) 국토교통부장관에게 제출하여야 한다.

제20조(위험요인 등록)

공단 이사장은 제9조에 따른 자율보고 분석을 통해 식별한 위험요인, 위험도, 후속조치 등을 체계적으로 관리하기 위하여 철도안전위험요인 등록부(Hazard Register)를 작성하고 관리하여야 한다.

제21조(자율보고 연간 분석 등)

공단 이사장은 매년 2월말까지 전년도 자율보고 접수, 분석결과 및 경향 등을 포함하는 자율보고 연간 분석결과를 국토교통부장관에게 보고하여야 한다.

제22조(안전정보 전파)

공단 이사장은 제9조에 따른 자율보고 분석 결과 중 철도안전 증진에 기여할 수 있을 것으로 판단되는 안전정보는 철도운영자등 및 철도종사자와 공유하여야 한다.

제23조(전자시스템 구축 등)

공단 이사장은 제7조에 따른 자율보고의 접수단계부터 제10조에 따른 자율보고의 분석단계 업무를 효과적으로 처리 및 기록·관리하기 위한 전자시스템을 구축·관리하여야 한다.

제24조(자율보고제도 개선 등)

① 공단 이사장은 자율보고의 편의성을 제고하고 안전정보 공유 체계를 개선하기 위해 지속적으로 노력하여야 한다.

② 공단 이사장은 자율보고제도를 운영하고 있는 국내 타 분야 및 해외 철도사례 연구 등을 통해 자율보고제도를 보다 효과적이고 효율적으로 운영할 수 있는 방안을 지속 연구하고, 이를 국토교통부장관에게 건의할 수 있다.

제5장 보칙

제25조(재검토기한)

국토교통부장관은 「훈령·예규 등의 발령 및 관리에 관한 규정」에 따라 이 고시에 대하여 2021년 1월 1일 기준으로 매3년이 되는 시점(매 3년째의 12월 31일까지를 말한다)마다 그 타당성을 검토하여 개선 등의 조치를 하여야 한다.

부칙 <제2021-350호, 2021. 3. 9.>

제1조(시행일) 이 고시는 발령한 날부터 시행한다.

제 4 편

✲ 철도종사자 등에 관한

교육훈련 시행지침

철도종사자 등에 관한 교육훈련 시행지침

[시행 2021. 1. 1.] [국토교통부고시 제2020-977호, 2020. 12. 18., 일부개정.]

제1장 총칙

제1조(목적)

이 지침은 「철도안전법 시행규칙」 제11조 · 제20조 · 제24조 · 제37조 · 제38조의2 · 제38조의7 · 제39조 · 제41조의2 · 제41조의3 · 제42조의3 · 제91조에 따른 철도차량운전면허교육 · 관제자격증명교육 · 운전 및 관제업무의 실무수습 · 철도종사자 안전교육 · 철도종사자 직무교육 · 철도차량정비기술자 정비교육훈련 · 철도안전 전문인력교육의 내용 · 방법 · 절차 · 평가 · 교육훈련의 면제 등에 관하여 필요한 사항을 정함을 목적으로 한다.

제2조(적용범위)

운전면허교육 · 관제자격교육 · 운전 및 관제업무의 실무수습 · 철도종사자 안전교육 · 철도종사자 직무교육 · 정비기술자 정비교육훈련 · 전문인력 교육의 내용 · 방법 · 절차 · 평가 · 교육훈련의 면제 등에 관하여 법령에서 정한 것을 제외하고는 이 지침이 정하는 바에 따른다.

제3조(용어정의)

이 지침에서 사용하는 용어의 정의는 다음과 같다.

1. "운전교육훈련기관"이라 함은 「철도안전법」(이하 "법"이라 한다) 제16조제3항에 따라 국토교통부장관으로부터 철도차량 운전에 관한 전문교육훈련기관으로 지정받은 기관을 말한다.
2. "관제교육훈련기관"이라 함은 법 제21조의7제3항에 따라 국토교통부장관으로부터 관제업무에 관한 전문교육훈련기관으로 지정 받은 기관을 말한다.

2의2. "정비교육훈련기관"이라 함은 법 제24조의4제2항에 따라 국토교통부장관으로부터 철도차량정비기술에 관한 전문교육훈련기관으로 지정 받은 기관을 말한다.

3. "철도안전전문기관"이라 함은 법 제69조 및 「철도안전법 시행령」(이하 "시행령"이라 한다) 제60조의3에 따라 국토교통부장관으로부터 철도안전 전문인력의 교육훈련 등을 담당하는 기관으로 지정받은 전문기관 또는 단체를 말한다.

4. “교육훈련시행자“라 함은 운전교육훈련기관ㆍ관제교육훈련기관ㆍ철도안전전문기관ㆍ정비교육훈련기관 및 철도운영기관의 장을 말한다.
5. “전기능모의운전연습기“라 함은 실제차량의 운전실과 운전 부속장치를 실제와 유사하게 제작하고, 영상 음향 진동 등 환경적인 요소를 현장감 있게 구현하여 운전연습 효과를 최대한 발휘할 수 있도록 제작한 운전훈련연습 장치를 말한다.
6. “전기능모의관제시스템“이라 함은 철도운영기관에서 운영 중인 관제설비와 유사하게 제작되어 철도차량의 운행을 제어ㆍ 통제ㆍ감시하는 업무 수행 및 이례상황 구현이 가능하도록 제작된 관제훈련연습시스템을 말한다.
7. “기본기능모의운전연습기“라 함은 동력차제어대 등 운전취급훈련에 반드시 필요한 부분만 실제차량의 실물과 유사하게 제작하고 나머지는 간략하게 구성하며, 기타 장치 및 객실 등은 컴퓨터 그래픽으로 처리하여 운전취급훈련 및 이론 교육을 병행할 수 있도록 제작한 운전훈련연습 장치를 말한다.
8. “기본기능모의관제시스템“이라 함은 철도 관제교육훈련에 꼭 필요한 부분만 유사하게 제작한 관제훈련연습시스템을 말한다.
9. “컴퓨터지원교육시스템“이라 함은 컴퓨터시스템의 멀티미디어교육기능을 이용하여 철도차량운전과 관련된 차량, 시설, 전기, 신호 등을 학습할 수 있도록 제작된 프로그램 또는 철도관제와 관련된 교육훈련을 학습할 수 있도록 제작된 프로그램(기본기능모의관제시스템) 및 이를 지원하는 컴퓨터시스템 일체를 말한다.

제2장 운전면허 및 관제자격 교육방법 등

제4조(교육훈련 대상자의 선발 등)

① 운전교육훈련기관 및 관제교육훈련기관(이하 “교육훈련기관“이라 한다) 장은 교육훈련 과정별 교육생 선발에 관한 기준을 마련하고 그 기준에 적합한 자를 교육훈련 대상자로 선발하여야 한다.

② 교육훈련기관의 장은 교육훈련 과정별 교육대상자가 적어 교육과정을 개설하지 아니하거나 교육훈련 시기를 변경하여 시행 할 필요가 있는 경우에는 모집공고를 할 때 미리 알려야 하며 교육과정을 폐지하거나 변경하는 경우에는 국토교통부장관에게 보고하여 승인을 받아야 한다.

③ 교육훈련대상자로 선발된 자는 교육훈련기관에 교육훈련을 개시하기 전까지 교육훈련에 필요한 등록을 하여야 한다.

제5조(운전면허의 교육방법)

① 운전교육훈련기관의 교육은 운전면허의 종류별로 구분하여 「철도안전법 시행규칙」(이하 "시행규칙"이라 한다) 제22조에 따른 정원의 범위에서 교육을 실시하여야 한다.

② 컴퓨터지원교육시스템에 의하여 교육을 실시하는 경우에는 교육생 마다 각각의 컴퓨터 단말기를 사용하여야 한다.

③ 모의운전연습기를 이용하여 교육을 실시하는 경우에는 전기능모의운전연습기·기본기능 모의운전연습기 및 컴퓨터지원교육시스템에 의한 교육이 모두 이루어지도록 교육계획을 수립하여야 한다.

④ 철도운영자 및 철도시설관리자(위탁 운영을 받은 기관의 장을 포함한다. 이하 "철도운영자등"이라 한다)은 시행규칙 제11조에 따라 다른 운전면허의 철도차량을 차량기지 내에서 시속 25킬로미터 이하로 운전하고자 하는 사람에 대하여는 업무를 수행하기 전에 기기취급 등에 관한 실무수습·교육을 받도록 하여야 한다.

⑤ 철도운영자등(위탁 받은 기관의 장을 포함한다)이 제4항의 교육을 실시하는 경우에는 평가에 관한 기준을 마련하여 교육을 종료할 때 평가하여야 한다.

⑥ 운전교육훈련기관의 장은 시행규칙 제24조에 따라 기능시험을 면제하는 운전면허에 대한 교육을 실시하는 경우에는 교육에 관한 평가기준을 마련하여 교육을 종료할 때 평가하여야 한다.

⑦ 그 밖의 교육훈련의 순서 및 교육운영기준 등 세부사항은 교육훈련시행자가 정하여야 한다.

제6조(관제자격의 교육방법)

① 관제교육훈련기관의 교육은 교육훈련 과정별로 구분하여 시행규칙 제38조의5에 따른 정원의 범위에서 교육을 실시하여야 한다.

② 컴퓨터지원교육시스템에 의한 교육을 실시하는 경우에는 교육생 마다 각각의 컴퓨터 단말기를 사용하여야 한다.

③ 모의관제시스템을 이용하여 교육을 실시하는 경우에는 전기능모의관제시스템·기본기능 모의관제시스템 및 컴퓨터지원교육시스템에 의한 교육이 모두 이루어지도록 교육계획을 수립하여야 한다.

④ 교육훈련기관은 제1항에 따라 교육훈련을 종료하는 경우에는 평가에 관한 기준을 마련하여 평가하여야 한다.

⑤ 그 밖의 교육훈련의 순서 및 교육운영기준 등 세부사항은 교육훈련시행자가 정하여야 한다.

제3장 운전업무 및 관제업무의 실무수습

제7조(실무수습의 절차 등)

① 철도운영자등은 법 제21조에 따라 철도차량의 운전업무에 종사하려는 사람 또는 법 제22조에 따라 관제업무에 종사하려는 사람에 대하여 실무수습을 실시하여야 한다.

② 철도운영자등은 실무수습에 필요한 교육교재·평가 등 교육기준을 마련하고 그 절차에 따라 실무수습을 실시하여야 한다.

③ 철도운영자 등은 운전업무 및 관제업무에 종사하고자 하는 자에 대하여 제10조에 따른 자격기준을 갖춘 실무수습 담당자를 지정하여 가능한 개별교육이 이루어지도록 노력하여야 한다.

④ 철도운영자등은 제1항에 따라 실무수습을 이수한 자에 대하여는 매월 말일을 기준으로 다음달 10일까지 교통안전공단에 실무수습기간·실무수습을 받은 구간·인증기관·평가자 등의 내용을 통보하고 철도안전정보망에 관련 자료를 입력하여야 한다.

제8조(실무수습의 방법 등)

① 철도운영자등은 시행규칙 제37조 및 제39조에 따른 실무수습의 항목 및 교육시간 등에 관한 세부교육 계획을 마련·시행하여야 한다.

② 철도운영자등은 운전업무 또는 관제업무수행 경력자가 기기취급 방법이나 작동원리 및 조작방식 등이 다른 철도차량 또는 관제시스템을 신규 도입·변경하여 운영하고자 하는 때에는 조작방법 등에 관한 교육을 실시하여야 한다.

③ 철도운영자 등은 영업운행하고 있는 구간의 연장 또는 이설 등으로 인하여 변경된 구간에 대한 운전업무 또는 관제업무를 수행하려는 자에 대하여 해당 구간에 대한 실무수습을 실시하여야 한다.

제9조(실무수습의 평가)

① 철도운영자등은 철도차량운전면허취득자에 대한 실무수습을 종료하는 경우에는 다음 각 호의 항목이 포함된 평가를 실시하여 운전업무수행에 적합여부를 종합평가하여야 한다.

1. 기본업무
2. 제동취급 및 제동기 이외 기기취급
3. 운전속도, 운전시분, 정지위치, 운전충격
4. 선로·신호 등 시스템의 이해
5. 이례사항, 고장처치, 규정 및 기술에 관한 사항

6. 기타 운전업무수행에 필요하다고 인정되는 사항

② 철도운영자등은 관제자격 취득자에 대한 실무수습을 종료하는 경우에는 다음 각 호의 항목이 포함된 평가를 실시하여 관제업무수행에 적합여부를 종합평가하여야 한다.

1. 열차집중제어(CTC)장치 및 콘솔의 운용(시스템의 운용을 포함한 현장설비의 제어 및 감시능력 포함)
2. 운행정리 및 작업의 통제와 관리(작업수행을 위한 협의, 승인 및 통제 포함)
3. 규정, 절차서, 지침 등의 적용능력
4. 각종 응용프로그램의 운용능력
5. 각종 이례상황의 처리 및 운행정상화 능력(사고 및 장애의 수습과 운행정상화 업무포함)
6. 작업의 통제와 이례상황 발생시 조치요령
7. 기타 관제업무수행에 필요하다고 인정되는 사항

③ 제1항 및 제2항에 따른 평가결과 운전업무 및 관제업무를 수행하기에 부적합 하다고 판단되는 경우에는 재교육 및 재평가를 실시하여야 한다.

제10조(실무수습 담당자의 자격기준)

① 운전업무수행에 필요한 실무수습을 담당할 수 있는 자의 자격기준은 다음 각호 1과 같다.

1. 운전업무경력이 있는 자로서 철도운영자등에 소속되어 철도차량운전자를 지도·교육·관리 또는 감독하는 업무를 하는 자
2. 운전업무 경력이 5년 이상인 자
3. 운전업무경력이 있는 자로서 전문교육을 1월 이상 받은 자
4. 운전업무경력이 있는 자로서 철도운영자등으로부터 운전업무 실무수습을 담당할 수 있는 능력이 있다고 인정받은 자

② 관제업무수행에 필요한 실무수습을 담당할 수 있는 자의 자격기준은 다음 각호 1과 같다.

1. 관제업무경력이 있는 자로서 철도운영자등에 소속되어 관제업무종사자를 지도·교육·관리 또는 감독하는 업무를 하는 자
2. 관제업무 경력이 5년 이상인 자
3. 관제업무경력이 있는 자로서 전문교육을 1월 이상 받은 자
4. 관제업무경력이 있는 자로서 철도운영자등으로부터 관제업무 실무수습을 담당할 수 있는 능력이 있다고 인정받은 자

제4장 철도종사자 안전교육 및 직무교육

제11조(안전교육의 계획수립 등)

① 철도운영자등은 매년 시행규칙 제41조의2제3항에 따른 안전교육(이하 "안전교육" 이라 한다) 계획을 수립하여야 한다.

② 철도운영자등은 제1항의 안전교육 계획에 따라 안전교육을 성실히 수행하고, 교육의 성과를 확인할 수 있도록 평가를 실시하여야 한다.

제12조(안전교육 실시 방법 등)

① 철도운영자등이 실시해야 하는 안전교육의 종류와 방법은 다음 각 호와 같다.

1. 집합교육 : 시행규칙 제41조의2제3항에 적합한 교육교재와 적절한 교육장비 등을 갖추고 실습 또는 시청각교육을 병행하여 실시
2. 원격교육 : 철도운영자등의 자체 전산망을 활용하여 실시
3. 현장교육 : 현장소속(근무장소를 포함한다)에서 교육교재, 실습장비, 안전교육 자료 등을 활용하여 실시
4. 위탁교육 : 교육훈련기관 등에 위탁하여 실시

② 철도운영자등이 제1항에 따른 원격교육을 실시는 경우에는 다음 각 호에 해당하는 요건을 갖추어야 한다.

1. 교육시간에 상당하는 분량의 자료제공(1시간 학습 분량은 200자 원고지 20매 이상 또는 이와 동일한 분량의 자료)
2. 교육대상자가 전산망에 게시된 자료를 열람하고 필요한 경우 질의·응답을 할 수 있는 시스템
3. 교육자의 수강정보 등록(아이디, 비밀번호), 교육시작 및 종료시각, 열람여부 확인 등을 위한 관리시스템

③ 교육훈련기관이 교육을 실시하고자 하는 때에는 시행규칙 제41조의2제3항에 의한 교육내용이 포함된 교육과목을 편성하여 교육목적을 효과적으로 달성할 수 있도록 하여야 한다.

④ 철도운영자등이 안전교육을 실시하는 경우 교육계획, 교육결과를 기록·관리하여야 한다.

⑤ 제4항에 따른 교육계획에는 교육대상, 인원, 교육시행자, 교육내용을 포함하여야 하고, 교육결과는 실제 교육받은 인원, 교육평가결과를 포함해야 한다. 다만, 원격교육 및 전산으로 관리하는 경우 전산기록을 그 결과로 한다.

제13조(안전교육의 위탁)

철도운영자등이 안전교육 대상자를 교육훈련기관에 위탁하여 교육을 실시한 때에는 당해 교육이수 시간을 당해연도에 실시하여야 할 교육시간으로 본다.

제14조(안전교육 담당자의 자격기준)

철도종사자의 안전교육을 담당할 수 있는 사람의 자격기준은 다음 각 호와 같다

1. 제10조의 규정에 의한 실무수습 담당자의 자격기준을 갖춘 사람
2. 법 제16조의 규정에 의한 교육훈련기관 교수와 동등이상의 자격을 가진 사람
3. 철도운영자등이 정한 기준 및 절차에 따라 안전교육 담당자로 지정된 사람

제14조의2(직무교육의 계획수립 등)

① 철도운영자등은 매년 시행규칙 제41조의3제2항에 따른 직무교육(이하 “직무교육" 이라 한다) 계획을 수립하여야 한다.

② 철도운영자등은 제1항의 직무교육 계획에 따라 직무교육을 성실히 수행하고, 교육의 성과를 확인할 수 있도록 평가를 실시하여야 한다.

제14조의3(직무교육 실시 방법 등)

① 철도운영자등이 실시해야 하는 직무교육의 종류와 방법은 각 호와 같다.

1. **집합교육** : 시행규칙 제41조의3제2항에 적합한 교육교재와 적절한 교육장비 등을 갖추고 실습 또는 시청각교육을 병행하여 실시
2. **원격교육** : 철도운영자등의 자체 또는 외부위탁 전산망을 활용하여 실시
3. **부서별 직장교육** : 현장소속(근무장소를 포함한다)에서 교육교재, 실습장비, 안전교육자료 등을 활용하여 실시
4. **위탁교육** : 교육훈련기관·철도안전전문기관·정비교육훈련기관 등에 위탁하여 실시

② 철도운영자등이 제1항제2호에 따른 원격교육을 실시하는 경우에는 다음 각 호에 해당하는 요건을 갖추어야 한다.

1. 교육시간에 상당하는 분량의 자료제공(1시간 학습 분량은 200자 원고지 20매 이상 또는 이와 동일한 분량의 자료)
2. 교육대상자가 전산망에 게시된 자료를 열람하고 필요한 경우 질의·응답을 할 수 있는 시스템
3. 교육자의 수강정보 등록(아이디, 비밀번호), 교육시작 및 종료시각, 열람여부 확인 등을 위한 관리시스템

③ 법 제16조에 따른 운전교육훈련기관 또는 법 제21조의7에 따른 관제교육훈련기관이 교육을 실시하고자 하는 때에는 시행규칙 제41조의3제2항에 의한 교육내용이 포함된 교육과목을 편성하여 교육목적을 효과적으로 달성할 수 있도록 하여야 한다.

④ 철도운영자등이 직무교육을 실시하는 경우 교육계획, 교육결과를 기록·관리하여야 한다.

⑤ 제4항에 따른 교육계획에는 교육대상, 인원, 교육시행자, 교육내용을 포함하여야 하고, 교육결과에는 실제 교육받은 인원, 교육평가내용을 포함해야 한다. 다만, 원격교육 및 전산으로 관리하는 경우 전산기록을 그 결과로 한다.

제14조의4(직무교육 담당자의 자격기준)

철도종사자의 직무교육을 담당할 수 있는 사람의 자격기준은 다음 각 호와 같다

1. 제10조의 규정에 의한 실무수습 담당자의 자격기준을 갖춘 사람
2. 법 제16조의 규정에 의한 교육훈련기관 교수와 동등이상의 자격을 가진 사람
3. 철도운영자등이 정한 기준 및 절차에 따라 직무교육 담당자로 지정된 사람

제5장 철도차량정비기술자의 교육훈련 등

제15조(교육훈련 대상자의 선발 등)

① 정비교육훈련기관은 교육생 선발기준을 마련하고 그 기준에 적합하게 대상자를 선발하여야 한다.

② 정비교육훈련기관은 교육생을 선발할 경우에는 교육인원, 교육일시 및 장소 등에 관하여 미리 알려야 한다.

제15조의2(교육의 신청 등)

① 시행규칙 제42조의3제1항에 따라 정비교육훈련을 받고자 하는 사람은 정비교육훈련기관에 별지 제3호서식의 철도차량정비기술자 교육훈련 신청서를 제출하여야 한다. 다만, 정비교육훈련기관은 자신이 소속되어 있는 철도운영자 소속의 종사자에게 교육훈련을 시행하는 경우 교육훈련 신청 절차를 따로 정할 수 있다.

② 교육훈련 대상자로 선발된 사람은 교육훈련을 개시하기 전까지 정비교육훈련기관에 등록하여야 한다. 다만, 정비교육훈련기관은 자신이 소속되어 있는 철도운영자 소속의 종사자에게 교육훈련을 시행하는 경우 등록 절차를 따로 정할 수 있다.

제15조의3(정비교육훈련의 교육과목 및 내용)

시행규칙 제42조3제1항 별표 13의3에 따른 철도차량 정비교육훈련의 교육과목 및 교육내용은 *별표 3*과 같다.

(별표 3)

철도차량정비기술자의 교육과목 및 교육내용(제15조의3 관련)

교육과목	교육내용	교육방법
철도안전 및 철도차량 일반	철도차량정비기술자로서 철도안전 및 철도차량에 대한 기본적인 개념과 지식을 함양하여 실무에 적용할 수 있는 능력을 배양 ·철도 및 철도안전관리 일반 ·철도안전법령 및 행정규칙(한, 차량분야) ·철도차량 시스템 일반 ·철도차량 기술기준(한, 해당차종) ·철도차량 정비 규정 및 지침, 절차 ·철도차량 정비 품질관리 등 ·그 밖에 정비교육훈련기관이 정하는 사항	강의 및 토의
차량정비계획 및 실습	철도차량 정비계획 수립에 대한 지식과 유지보수장비 운용에 대한 지식을 함양하고 실제상황에서 운용할 수 있는 능력 배양 ·철도차량 유지보수 계획수립 ·철도차량 보수품 관리 ·철도차량 검수설비 및 장비 관리 ·철도차량 신뢰성 관리 ·그 밖에 정비교육훈련기관이 정하는 사항	강의 및 실습
차량정비실무 및 관리	철도차량 유지보수에 대한 세부 지식을 함양하고 실제 적용할 수 있는 능력을 배양 ·철도차량 엔진장치 유지보수 ·철도차량 전기제어장치 유지보수 ·철도차량 전동 발전기 유지보수 ·철도차량 운전실장치 유지보수 ·철도차량 대차장치 유지보수 ·철도차량 공기제동장치 유지보수 ·철도차량 동력전달장치 유지보수 ·철도차량 차체장치 유지보수 ·철도차량 성능시험 ·그 밖에 정비교육훈련기관이 정하는 사항	강의 및 실습
철도차량 고장 분석 및 비상시 조치 등	철도차량 정비와 관련한 고장(장애) 사례 및 비상시 조치에 대한 지식을 함양하고 실제 적용할 수 있는 능력을 배양	강의 및 토의

	·고장(장애)사례 분석 ·사고복구 절차 ·철도차량 응급조치 요령 ·철도차량 고장탐지 및 조치 ·그 밖에 정비교육훈련기관이 정하는 사항	

제15조의4(교육방법 등)

① 정비교육훈련기관은 철도차량정비기술자에 대한 교육을 실시하고자 하는 경우 제15조의3 *별표 3*에 따른 교육내용이 포함된 교육과목을 편성하고 전문인력을 배치하여 교육목적을 효과적으로 달성할 수 있도록 하여야 한다.

② 정비교육훈련기관은 제1항의 교육을 실시하는 경우에는 평가에 관한 기준을 마련하여 교육훈련을 종료할 때 평가를 하여야 한다.

③ 정비교육훈련기관은 교육운영에 관한 기준 등 세부사항을 정하고 그 기준에 맞게 운영하여야 한다.

④ 정비교육훈련기관은 교육훈련을 실시하여 수료자에 대하여는 별지 제4호서식의 철도차량 정비기술자 교육훈련관리대장에 기록하고 유지・관리하여야 한다.

⑤ 그 밖의 교육훈련의 순서 및 교육운영기준 등 세부사항은 교육훈련시행자가 정하여야 한다.

제6장 철도안전 전문인력의 교육

제16조(교육훈련 대상자의 선발 등)

① 철도안전전문기관의 장은 교육생 선발기준을 마련하고 그 기준에 적합하게 대상자로 선발하여야 한다.

② 철도안전전문기관의 장은 교육생을 선발할 경우에는 교육인원, 교육일시 및 장소 등에 관하여 미리 알려야 한다.

제17조(교육의 신청 등)

① 교육훈련 대상자로 선발된 자는 철도안전전문기관에 교육훈련을 개시하기 전까지 교육훈련에 필요한 등록을 하여야 한다.

② 시행규칙 제91조에 의한 철도안전전문인력 교육을 받고자 하는 자는 철도안전전문기관으로 지정받은 기관이나 단체에 신청하여야 할 교육훈련 신청서는 별지 제1호서식과 같다.

제18조(교육내용)

시행규칙 제91조에 따른 철도안전전문 인력의 교육내용은 *별표2*와 같다.

(별표 2)

철도안전전문인력의 교육과목 및 교육내용(제18조관련)

1. 철도운행안전관리자를 위한 교육과목별 내용 및 방법

교육과목	교육내용	교육방법
열차운행 통제조정	열차운행선 보수 보강 작업을 하기 위하여 열차의 운행의 조정 시각 변경 운행 시 혼란을 방지하고 열차안전운행을 하기 위한 이해도 증진 및 운용능력 향상 교육 ·작업계획서 작성과정 ·계획승인시 차단시간 및 열차운행 조정 ·계획승인에 따른 작업절차 ·작업개시 및 작업진도에 따른 현장상황 통보 요령 ·작업완료시 안전조치 상황 확인 요령 ·열차운행 개시에 따른 협의조치	강의 및 실습
운전 규정	열차를 운행하는 선로에서 선로 차단시 운전취급을 안전하게 하기 위한 이해도 증진 ·총칙 ·운전 ·폐색 ·신호 ·사고의 조치	강의 및 토의
선로지장 취급절차	선로를 지장하는 각종공사에 작업의 순서 절차와 현장감독자, 운전취급자(역장)간의 협의사항 등 안전조치에 관한 사항의 안전관리능력 향상 교육 ·선로작업시 계획 작성 ·작업승인 요구 및 관계처 협의내용 절차 ·선로작업시 열차 방호 ·트로리 사용취급 ·현장작업원 긴급대피 요령 ·작업중 이상 발견시 안전조치 및 통보요령	강의, 토의 및 실습
안전관리	철도운행선 작업안전관리자로서 산업안전에 대한 개념과 철도안전 철도시설장비운용에 대한 지식을 함양하고 실제상황에서 운용할 수 있는 능력 배양 ·안전관리 역사와 이념 ·철도사고 보고 및 수습처리규정 ·사고발생시 분야별 대체요령 ·사고복구 기중기의 신속출동 조치요령 ·사고사례 및 사고발생시의 조치요령 ·이례사항 발생시의 조치요령	강의, 토의 및 실습

교육과목	교육내용	교육방법
비상시의 조치	열차운행 다이아의 작성은 모든 상황이 정상적인 상태를 기준으로 작성되어 있으나 열차운행과정에서 기후의 조건, 기기의 작동과정, 외부적인 요건에 의한 열차운행의 비정상적인 요소들이 존재할 경우에 대비, 응급조치 대처요령의 숙달과 능력의 함양을 위한 교육 ·열차내 화재발생시 조치 ·독가스 화생방 발생시 조치 ·사상사고 발생시 조치요령 ·구원열차 운행시 협의 및 방호조치 ·선로상태 이상시 협의조치 ·운전취급 시설의 비정상 작동시 조치	강의, 토의 및 실습
일반교양	철도운행선 안전관리자로서 기본적인 철도지식과 일반지식의 소양교육 ·철도의 운용현황 등 ·철도의 경영상태 ·산업안전법 ·근로기준법 ·철도안전법	강의 및 토의

2. 철도안전전문기술자(초급)를 위한 교육내용 및 방법

가. 전기철도분야 안전전문기술자

교육과목	교육내용	교육방법
기초전문직무교육	·전기철도 일반 ·가공전차선로 ·강체전차선로	강의 및 토의
안전관리일반	작업안전 및 안전설비 운용 등에 대한 지식을 함양하고 실제 응용할 수 있는 능력을 배양 ·철도사고보고 및 수습처리 관련 규정 ·운전취급 안전지침 ·안전확보 긴급명령 ·사고발생시 분담체제 및 복구요령 ·사고사례 및 사고발생시 조치요령 ·이례사항 발생시 조치요령 및 사고사례 ·사고발생시 열차통제지침(SOP) ·안전표지류 인식	강의 및 실습
실무실습	·장력조정장치 설치, 조정 ·비임하스펜선 철거 및 신설 ·콘크리트 전주 승주훈련 ·브래키트 조립, 설치, 철거 ·전차선 편위측정	실습

	·전차선 및 조가선 접속 ·드롭퍼 및 행거 제작, 설치 ·균압선 및 완철 설치	
관계법령	·철도안전법 및 하위법령과 제 규정 ·열차운행선로 지상 작업 관련 업무지침	강의 및 토의
일반교양	·산업안전 및 위험예지 ·보건건강 및 체력단련 ·경영관리 및 전기철도 발전방향 ·전기공사 시공 및 감리 사례	강의

나. 철도신호분야 안전전문기술자(초급)

교육과목	교육내용	교육방법
기초전문직무교육	·철도신호공학 ·고속철도신호 시스템 ·일반철도신호 시스템 ·철도신호 발전방향	강의 및 토의
안전관리 일반	작업안전 및 안전설비 운용 등에 대한 지식을 함양하고 실제 응용할 수 있는 능력을 배양 ·철도사고보고 및 수습처리 관련 규정 ·운전취급 안전 지침 ·안전확보 긴급명령 및 위험예지 훈련 ·사고발생시 분담체제 및 복구요령 ·사고사례 및 사고발생시 조치요령 ·이례사항 발생시 조치요령 및 사고사례 ·사고발생시 열차통제지침(SOP) ·안전표지류 인식	강의 및 실습
관계법령	·철도안전법 및 하위법령과 제 규정 ·신호설비 시설규정, 신호설비 보수규정 ·신호설비공사시행절차 ·열차운행선로 지장작업 업무지침	강의 및 토의
실무실습	·공구 및 장비 조작 ·신호기 ·선로전환기 ·궤도회로 ·자동열차정지장치(ATS) ·연동장치 ·건널목보안장치	실습
일반교양	·산업안전 및 위험예지 ·보건건강 및 체력단련 ·경영관리 및 전기철도 발전방향 ·철도신호 시공 및 감리 사례	강의 및 토의

다. 철도궤도분야 안전전문기술자(초급)

교육과목	교육내용	교육방법
기초전문직무교육	·선로일반 ·궤도공학 ·궤도설계 ·용접이론	강의 및 토의
안전관리일반	작업안전 및 안전설비 운용 등에 대한 지식을 함양하고 실제 응용할 수 있는 능력을 배양 ·선로지장취급 절차 ·열차방호 요령 ·열차운전 취급 절차에 관한 규정 ·재해업무 관련규정 ·시설물의 안전관리에 관련 규정 ·사고사례 및 사고 발생시 조치 관련	강의 및 실습
관계법령	철도안전법 및 하위법령과 제 규정	강의 및 토의
실무수습	·통합 시설물 관리 시스템 개요 ·레일용접 및 연마 ·선로 시공 및 보수일반 (특히, 장대레일 관리) ·구조물 안전점검 관련 ·중대형 보선장비 작업개요	실습
일반 교양	·산업안전 및 위험예지 ·보건 건강 및 체력단련 ·노동조합 ·정보통신 ·경영관리 ·기타	강의 및 토의

라. 철도차량 분야 안전전문기술자(초급)

교육과목	교육내용	교육방법
기초전문직무교육	·철도공학 ·시스템공학(SE, 신뢰성, 품질) ·안전공학 ·철도차량 기술동향	강의 및 토의
철도차량 관리	철도차량 설계, 제작, 개조, 운영 및 유지보수(O&M), 시험 및 검사 등에 대한 전문지식을 함양하	강의 및 실습

	고 실제 응용할 수 있는 능력을 배양 ·철도차량 시스템 일반 ·철도차량 주요장치 및 기능 ·철도차량 신뢰성 및 품질 관리 ·철도차량 리스크(위험도) 평가 ·철도차량 시험 및 검사 ·물품 조달 및 재고 관리 ·기계설비 관리 ·비파괴 검사(초음파, 자분 탐상) ·철도 사고 및 고장(장애) 사례	
관계법령	·철도안전법령 및 행정규칙(한, 철도차량) ·철도차량 관련 국내외 표준 ·제품 및 시스템 인증 국내외 제도 ·철도차량 정비 관련 규정류	강의 및 토의
실무수습	·철도차량의 안전조치(작업전/작업후) ·철도차량 기능검사 및 응급조치 ·신뢰성 지표 산출 ·철도차량 정비계획 수립 및 물품 검사 ·철도차량 기술검토, 구조해석	실습
일반 교양	·산업안전, 보건위생, 위험물 관리 ·생산 관리 및 원가 관리 ·의사소통 관리 ·조직행동론 ·기타	강의 및 토의

제19조(교육방법 등)

① 철도안전전문기관에서 철도안전전문 인력의 교육을 실시하고자 하는 경우에는 제18조에 의한 교육내용이 포함된 교육과목을 편성하고 전문인력을 배치하여 교육목적을 효과적으로 달성할 수 있도록 하여야 한다.

② 철도안전전문기관의 장은 제1항의 교육을 실시하는 경우에는 교육내용의 범위 안에서 전문성을 높일 수 있는 방법으로 교육을 실시하여야 한다.

③ 철도안전전문기관의 장은 제1항에 따른 교육을 실시하는 경우에는 평가에 관한 기준을 마련하여 교육을 종료할 때 평가를 하여야 한다.

④ 철도안전전문기관의 장은 교육운영에 관한 기준 등 세부사항을 정하고 그 기준에 맞게 운영하여야 한다.

⑤ 철도안전전문기관의 장은 교육훈련을 실시하여 제3항에 따른 수료자에 대하여는 별지 제2호서식의 철도안전전문인력 교육훈련관리대장에 기록하고 유지・관리 하여야 한다.

제7장 보 칙

제20조(교육평가 및 수료기준)

교육훈련에 대한 평가나 시험방법 및 수료에 대한 기준 등에 관하여 별도의 규정이 없는 경우에는 교육훈련기관 또는 철도안전전문기관의 교육운영규정에 따른다.

제21조(교육계획의 제출)

① 교육훈련기관의 장 및 철도안전전문기관의 장은 매년 10월말까지 다음 연도의 교육계획을 수립하여 국토교통부장관에게 제출하여야 한다.

② 제1항에 따라 제출하는 교육계획에는 교육목표, 교육의 기본방향, 교육훈련의 기준, 최대교육가능 인원 및 수용계획, 교육과정별 세부계획, 교육시설 및 장비의 유지와 운용계획, 기타 국토교통부장관이 필요하다고 인정하는 사항이 포함되어야 한다.

제22조(교육교재 등)

① 교육훈련기관・철도안전전문기관・철도운영자등에서 교육훈련을 실시하는 때에는 교육에 필요한 교재 및 교안을 작성하여 사용하여야 한다.

② 시행규칙 제92조의3에 따라 지정받은 철도안전전문기관은 제18조에 따른 교육내용에 대한 필요한 교육교재를 개발하고 대학교수 등 전문가의 감수를 받아 국토교통부장관에게 제출하여야 한다.

제23조(교육훈련의 기록・관리 등)

① 교육훈련기관 또는 철도안전전문기관의 장은 교육훈련 종료 후 수료증을 발급하는 때에는 관련된 자료 및 정보를 10년간 기록・관리하여야 한다.

② 제1항에 따른 자료에 대하여는 교육훈련기관 또는 철도안전전문기관에서 철도안전정보망에 입력하여야 하며 교통안전공단 이사장은 그 자료를 보관・관리하여야 한다.

③ 교육훈련기관 또는 철도안전전문기관의 장은 교육훈련 과정에서 알게 된 개인의 정보에 관하여는 누설하지 말아야 한다.

④ 교육훈련기관 및 철도안전전문기관의 지정이 취소되거나 스스로 지정을 반납하여 업무를 계속하지 못하게 된 경우에는 교육훈련과 관련된 모든 자료를 국토교통부장관에게 반납하여야 한다.

제24조(수수료)

교육훈련을 받고자 하는 자는 법 제74조에 따른 수수료를 교육훈련기관 또는 철도안전전문기관에 납부하여야 한다.

제25조(재검토기한)

국토교통부장관은 「훈령·예규 등의 발령 및 관리에 관한 규정」에 따라 이 고시에 대하여 2019년 1월 1일 기준으로 매3년이 되는 시점(매 3년째의 12월 31일까지를 말한다)마다 그 타당성을 검토하여 개선 등의 조치를 하여야 한다.

부칙 <제2020-977호, 2020. 12. 18.>

이 고시는 2021년 1월 1일부터 시행한다.

제 5 편

예상문제 및 기출문제

❐ 예상문제 및 기출문제

1. 국토교통부령으로 정하는 운행장애에 해당되지 않는 것은?
가. 관제의 사전승인 없는 정차역 통과
나. 다른 철도사고 또는 운행장애로 인한 운행 지연이 아닌 고속열차 및 전동열차: 20분 이상
다. 다른 철도사고 또는 운행장애로 인한 운행 지연이 아닌 일반여객열차: 30분 이상
라. 다른 철도사고 또는 운행장애로 인한 운행 지연이 아닌 화물열차 및 기타열차: 40분 이상

정답 및 풀이 : 라
철도안전법 제1조의4(운행장애의 범위)
2. 다음 각 목의 구분에 따른 운행 지연. 다만, 다른 철도사고 또는 운행장애로 인한 운행 지연은 제외한다.
다. 화물열차 및 기타열차: 60분 이상

2. 다음 중 철도사고에 해당하지 않는 것은?
가. 철도교통사고
나. 탈선사고
다. 열차화재사고
라. 철도화재사고

정답 및 풀이 : 라
철도안전법 제1조의2(철도사고의 범위)
철도교통사고: 철도차량의 운행과 관련된 사고로서 다음 각 목의 어느 하나에 해당하는 사고
가. 충돌사고: 철도차량이 다른 철도차량 또는 장애물(동물 및 조류는 제외한다)과 충돌하거나 접촉한 사고
나. 탈선사고: 철도차량이 궤도를 이탈하는 사고
다. 열차화재사고: 철도차량에서 화재가 발생하는 사고
라. 기타철도교통사고: 가목부터 다목까지의 사고에 해당하지 않는 사고로서 철도차량의 운행과 관련된 사고

3. 다음 중 운행장애가 아닌 것은?
가. 고속열차 및 전동열차가 20분 이상 운행 지연을 한 경우
나. 일반여객열차가 30분 이상 운행 지연을 한 경우
다. 관제의 사전승인 없이 정차역을 통과한 경우
라. 철도사고로 인한 운행 지연을 한 경우

정답 및 풀이 : 라
시행규칙 제 1조의4(운행장애의 범위)
2. 다만, 다른 철도사고 또는 운행장애로 인한 운행 지연은 제외한다.

4. 다음 중 선로를 운행할 목적으로 철도운영자가 편성하여 열차번호를 부여한 철도차량을 무엇이라 하는가?
가. 열차
나. 객차
다. 화차
라. 특수차량

정답 및 풀이 : 가
철도안전법 제2조(정의)
6. "열차"란 선로를 운행할 목적으로 철도운영자가 편성하여 열차번호를 부여한 철도차량을 말한다.

5. 다음 설명 중 철도 사고의 용어의 정의가 틀린 것을 고르시오.
가. 충돌사고 : 철도차량이 다른 철도차량 또는 장애물(동물 및 조류 제외한다)과 충돌하거나 접촉한 사고
나. 탈선 사고 : 철도차량이 궤도를 이탈하는 사고
다. 열차 화재 사고 : 철도역사, 기계실등 철도시설에서 화재가 발 생하는 사고
라. 철도시설 파손사고 : 교량 , 터널, 선로 신호 전기 통신설비 등의 철도 시설이 파손되는 사고

정답 및 풀이 : 다
철도안전법 제2조11호
열차화재 사고 : 철도차량에서 화재가 발생하는 사고

6. 다음 설명 중 철도 준사고 범위에 해당하지 않는 것은?
가. 운행허가를 받지 않은 구간으로 열차가 주행하는 경우
나. 열차 또는 철도차량이 승인 없이 정지신호를 지난 경우
다. 열차 또는 철도차량이 역과 역 사이로 미끄러진 경우
라. 관제의 사전승인 없는 정차역 통과

정답 및 풀이 : 라
관제의 사전승인 없는 정차역 통과는 운행장애이다.

7. 다음 빈 칸에 들어갈 숫자를 고르시오

법 제5조제1항에 따른 철도안전 종합계획에서 정한 총사업비를 원래 계획의 100분의 (　　　) 이내에서의 변경

가. 5
나. 10
다. 15
라. 20

정답 및 풀이 : 나
법 제 5조제1항에 따른 철도안전 종합계획 에서 정한 총사업비를 원래 계획의 100분의 10 이내에서의 변경

8. 다음 중 철도안전 종합계획에 포함되지 않는 것은?
가. 철도안전 종합계획의 추진실적 및 방향
나. 철도안전에 관한 시설확충, 개량 및 점검 등에 관한 사항
다. 철도안전 관계 법령의 정비 등 제도개선에 관한 사항
라. 철도안전 관련 교육훈련에 관한 사항

정답 및 풀이 : 가
진실적이 아닌 추진 목표이다.

9. 철도종사자에 해당하지 않는 사람은?
가. 철도차량의 운전업무에 종사하는 사람
나. 여객에게 승무서비스를 제공하는 사람
다. 철도시설의 건설 또는 관리와 관련한 작업의 일정을 조정하고 선로를 조정하는 사람
라. 철도시설의 건설 또는 관리에 관한 업무를 수행하는 사람

정답 및 풀이 : 라
철도안전법 제2조
9. "철도시설관리자"란 철도시설의 건설 또는 관리에 관한 업무를 수행하는 자를 말한다.

10. 국토교통부장관에게 즉시 보고해야 하는 철도사고등에서 틀린 것은?
가. 철도차량이나 열차에서 화재가 발생하여 운행을 중지시킨 사고
나. 철도차량이나 열차의 운행과 관련하여 5천만 원 이상의 재산피해가 발생한 사고
다. 열차의 추돌
라. 철도차량이나 열차의 운행과 관련하여 3명 이상 사상자가 발생한 사고

정답 및 풀이: 다
시행령제57조에 따르면 열차의 추돌이 아닌 열차의 충돌이다.

11. 다음 중 철도사고등의 의무보고에 대한 설명으로 옳은 것은?
가. "사상자가 많은 사고 등 대통령령으로 정하는 철도사고등"에는 철도차량이나 열차의 운행과 관련하여 3천만원 이상의 재산피해가 발생한 사고를 포함한다.
나. "사상자가 많은 사고 등 대통령령으로 정하는 철도사고등"이 발생한 때에는 초기보고·중간보고·종결보고의 절차에 따라 국토교통부장관에게 이를 즉시 보고하여야 한다.
다. 철도준사고가 발생하였을 때에는 국토교통부령으로 정하는 바에 따라 사고 내용을 조사하여 그 결과를 국토교통부장관에게 보고하여야 한다.
라. 철도운영자등은 법 제61조제2항에 따른 철도사고등이 발생하였을 때에서의 초기보고 내용은 사고수습·복구상황 등이 있다.

정답 및 풀이 : 다
철도안전법 시행규칙 제86조(철도사고등의 의무보고)
1. 초기보고: 사고발생현황 등
2. 중간보고: 사고수습·복구상황 등
3. 종결보고: 사고수습·복구결과 등

12. 법 제 8조 1항을 위반하여 철도 사고로 인하여 6명의 사망자가 발생했을 경우 업무제한에 해당하는 날짜는?
가. 30일
나. 120일
다. 60일
라. 180일

정답 및 풀이 : 나
별지1. 5명 이상 10명 미만의 사망자 발생시에는 업무제한 120일에 해당한다.

13. 국토교통부 장관은 몇 년마다 종합계획을 수립해야 하는가?
가. 2년
나. 3년
다. 4년
라. 5년

정답 및 풀이 : 라
철도안전법 제5조(철도안전종합계획)
① 국토교통부장관은 5년마다 철도안전에 관한 종합계획을 수립해야 한다.

14. 철도 교통사고에 해당하는 것은?
가. 충돌사고
나. 교통사고
다. 음주사고
라. 탈선사고

정답 및 풀이 : 라
철도안전법 시행규칙 제1조의2(철도사고의 범위).
1. 철도교통사고 : 철도차량의 운행과 관련된 사고로서 다음 각 목의 어느 하나에 해당하는 사고
나. 탈선사고 : 철도차량이 궤도

15. 철도안전사고에 해당하지 않는 것은?
가. 철도화재사고
나. 철도시설파손사고
다. 기타철도안전사고
라. 탈선사고

정답 및 해설 : 라
철도안전법 시행규칙 제1조의2(철도사고의 범위)
2. 철도안전사고 : 철도시설 관리와 관련된 사고로서 다음 각 목의 어느 하나에 해당하는 사고. 다만 [재난 및 안전관리 기본법] 제3조제1호가목에 따른 자연재난으로 인한 사고는 제외한다.
가. 철도화재사고
나. 철도시설파손사고
다. 기타철도안전사고

16. 다음 빈칸에 알맞은 철도안전법의 목적은 무엇인가?

철도안전 관리체계를 확립함으로서 [ ]의 증진에 이바지함을 목적으로 한다.

가. 공공시설
나. 공공복리
다. 공공관리
라. 공무집행

정답 및 해설 : 나
철도안전법 제1조(목적)
이 법은 철도안전을 확보하기 위하여 필요한 사항을 규정하고 철도 안전 관리체계를 확립함으로써 공공복리의 증진에 이바지함을 목적으로 한다.

17. 철도운영이나 철도시설 등의 업무에 종사하는 사업주가 철도안전에 관한 교육을 실시하여야 하는 대상이 아닌 것은?
가. 작업책임자
나. 운전업무종사자
다. 여객 역무원
라. 여객 승무원

정답 및 풀이 : 가
(제41조의 2 철도종사자의 안전교육 대상 등)

18. 철도종사자에 대한 안전 및 직무교육에 관한 내용으로 틀린 것은?
가. 철도운영자등 또는 국토교통부장관은 철도종사자에 대하여 정기적으로 철도안전에 관한 교육을 실시하여야 한다.
나. 철도운영자등은 철도종사자가 적정한 직무수행을 할 수 있도록 정기적으로 직무교육을 실시하여야 한다.
다. 철도운영자등은 사업주가 안전교육을 실시하지 아니한 경우 안전교육을 실시하도록 조치하여야 한다.
라. 교육의 대상, 내용 및 그 밖에 필요한 사항은 국토교통부령으로 정한다.

정답 및 풀이 : 가
(제 24조 철도종사자에 대한 안전 및 직무교육)
철도운영자등 또는 사업주는 철도종사자에 대하여 정기적으로 철도안전에 관한 교육을 실시하여야 한다.

19. 다음 중 철도종사자의 안전교육 대상이 아닌 사람은?
가. 운전업무 종사자
나. 작업책임자
다. 관제업무 종사자
라. 여객승무원

정답 및 풀이 : 나
'작업책임자'는 안전교육 대상에 포함되지 않는다.

20. 철도종사자의 안전교육 대상에 해당하지 않는 사람은?
가. 운전업무종사자
나. 여객역무원
다. 작업책임자
라. 관제업무종사자

정답 및 풀이 : 다
철도안전법 시행규칙 제41조의2(철도종사자의 안전교육 대상 등)
법 제2조제10호 가목부터 라목까지에 해당하는 사람
가. 운전업무종사자
나. 관제업무종사자
다. 여객승무원
라. 여객역무원

21. 철도종사자에 대한 안전교육의 내용이 아닌 것은?
가. 철도안전법령 및 안전관련 규정
나. 철도운전 및 관제이론 등 분야별 안전업무수행 관련 사항
다. 안전관리의 중요성 등 정신교육
라. 철도사고 처분기준 및 사고예방대책

정답 및 풀이 : 라
철도안전법 시행규칙 제41조의2(철도종사자의 안전교육 대상 등) 별표 13의2
라. 철도사고 사례 및 사고예방대책

22. 철도종사자의 안전교육과 직무교육 대상에 대한 설명으로 틀린 것은?
가. 여객역무원은 직무교육 대상에 해당한다.
나. 여객승무원은 안전교육 대상에 해당한다.
다. 운전업무종사자는 안전교육과 직무교육 대상에 해당한다.
라. 철도운행안전관리자는 안전교육과 직무교육 대상에 해당하지 않는다.

정답 및 풀이 : 가
철도안전법 시행령 제 41조의3(철도종사자의 직무교육 등)
법 제2조제10호 가목부터 다목까지에 해당하는 사람
가. 운전업무종사자
나. 관제업무종사자
다. 여객승무원

23. 다음 중 철도종사자에 대한 안전 및 직무교육에 대한 내용으로 틀린 것은?

가. 철도운영자등 또는 철도운영자등과의 계약에 따라 철도운영이나 철도시설 등의 업무에 종사하는 사업주는 자신이 고용하고 있는 철도종사자에 대하여 정기적으로 철도안전에 관한 교육을 실시하여야 한다.
나. 철도운영자등은 자신이 고용하고 있는 철도종사자가 적정한 직무수행을 할 수 있도록 정기적으로 직무교육을 실시하여야 한다.
다. 철도운영자등은 제1항에 따른 사업주의 안전교육 실시 여부를 확인하여야 하고, 확인 결과 사업주가 안전교육을 실시하지 아니한 경우 안전교육을 실시하도록 조치하여야 한다.
라. 제1항 및 제2항에 따라 철도운영자등 및 사업주가 실시하여야 하는 교육의 대상, 내용 및 그 밖에 필요한 사항은 대통령령으로 정한다.

정답 및 풀이 : 라
철도안전법(철도종사자에 대한 안전 및 직무교육)
4. 제1항 및 제2항에 따라 철도운영자등 및 사업주가 실시하여야 하는 교육의 대상, 내용 및 그 밖에 필요한 사항은 국토교통부령으로 정한다.

24. 다음 중 철도종사자의 안전교육 대상 등에 관한 내용으로 빈칸에 들어갈 알맞은 말은?

> 철도운영자등 및 사업주는 철도안전교육을 강의 및 실습의 방법으로 매 분기마다 (　　) 이상 실시하여야 한다.

가. 2시간
나. 4시간
다. 6시간
라. 8시간

정답 및 풀이 : 다
시행규칙 제41조의2(철도종사자의 안전교육 대상 등)
2. 철도운영자등 및 사업주는 철도안전교육을 강의 및 실습의 방법으로 매 분기마다 6시간이상 실시하여야 한다. 다만, 다른 법령에 따라 시행하는 교육에서 제3항에 따른 내용의 교육을 받은 경우 그 교육시간은 철도안전교육을 받은 것으로 본다.

25. 다음 중 철도종사자에 대한 안전 및 직무교육에 관한 설명으로 옳지 않은 것을 고르시오.

가. 철도운영자 등 및 사업주가 실시하여야 하는 교육의 대상, 내용 및 그 밖에 필요한 사항은 국토교통부령으로 정한다.
나. 철도운영자등 또는 철도운영자등과의 계약에 따라 철도운영이나 철도시설 등의 업부에 종사하는 사업주는 자신이 고용하고 있는 철도종사자에 대하여 정기적으로 철도안전에 관한 교육을 실시하여야 한다.
다. 철도운영자등은 제1항에 따른 사업주의 안전교육 실시 여부를 확인하여야 하고, 확인 결과 사업주가 안전교육을 실시하지 아니한 경우 안전교육을 실시하도록 조치하여야 한다.
라. 철도사업자는 자신이 고용하고 있는 철도종사자가 적정한 직무수행을 할 수 있도록 정기적으로 직무교육을 실시하여야 한다.

정답 및 풀이 : 라
철도사업자가 아니라 철도운영자등이다.

26. 다음 중 철도직무교육 내용/시간/방법 등에 관한 설명으로 옳지 않은 것을 고르시오.
가. 철도직무교육 대상자는 질병이나 자연재해 등 부득이한 사유로 철도직무교육을 제1호에 따른 기간 내에 받을 수 없는 경우에는 철도운영자등의 승인을 받아 철도직무교육을 받을 시기를 연기할 수 있다.
나. 철도직무교육의 주기는 신규 채용되거나 전직된 연도의 다음 연도 1월 1일부터 매 10년이 되는 날까지로 한다.
다. 철도운영자등은 철도직무교육 대상자가 다른 법령에서 정하는 철도직무에 관한 교육을 받은 경우에는 해당 교육시간을 제1호에 따른 철도직무교육시간으로 인정할 수 있다.
라. 철도운영자등은 가목1)에 따른 부서별 직장교육을 실시하려는 경우에는 매년 12월 31일까지 다음 해에 실시될 부서별 직장교육 실시계획을 수립해야 하고, 교육내용 및 이수현황 등에 관한 사항을 기록/유지해야 한다.

정답 및 풀이 : 나
10년이 아닌 5년이다.

27. 다음 중 철도종사자에 대한 안전 및 직무교육에 대한 설명이 아닌 것은?
가. 철도운영자등 또는 철도운영자등과의 계약에 따라 철도운영이나 철도시설 등의 업무에 종사하는 사업주는 자신이 고용하고 있는 철도종사자에 대하여 정기적으로 철도안전에 관한 교육을 실시하여야 한다.
나. 철도운영자등은 자신이 고용하고 있는 철도종사자가 적정한 직무수행을 할 수 있도록 정기적으로 직무교육을 실시하여야 한다.
다. 철도운영자등은 제1항에 따른 사업주의 안전교육 실시 여부를 확인하여야 하고, 확인 결과 사업주가 안전교육을 실시하지 아니한 경우 안전교육을 실시하도록 조치하여야 한다.
라. 제1항 및 제2항에 따라 철도운영자등 및 사업주가 실시하여야 하는 교육의 대상, 내용 및 그 밖에 필요한 사항은 대통령령으로 정한다.

정답 및 풀이 : 라
법 제24조(철도종사자에 대한 안전 및 직무교육)에서 제1항 및 제2항에 따라 철도운영자등 및 사업주가 실시하여야 하는 교육의 대상, 내용 및 그 밖에 필요한 사항은 국토교통부령으로 정한다. 라고 명시되어 있다.

28. 다음 중 철도종사자에 대한 안전교육의 내용으로 옳지 않은 것은?
가. 철도안전법 및 안전관련 규정
나. 철도사고 사례 및 사고예방대책
다. 안전관리의 중요성 등 정신교육
라. 철도종사자의 건강관리 등 안전·보건관리에 관한 사항

정답 및 풀이 : 라
별표 13의 2에서 철도종사자가 아닌 근로자의 건강관리 등 안전·보건관리에 관한 사항이다.

29. 다음 중 운전업무종사자자가 받아야 하는 교육내용이 아닌 것은?
가. 운전이론
나. 철도시스템 일반
다. 철도차량의 구조 및 기능
라. 철도차량 취급 규정

정답 및 풀이 : 라
별표 13의 3에서 의 운전업무종사자가 이수해야 하는 교육내용이 철도차량 취급 규정이 아닌 운전취급 규정이다.

30. 다음 중 철도직무교육 위탁을 할 수 없는 것은?
가. 다른 철도운영자등의 교육훈련기관
나. 운전 또는 관제 교육훈련기관
다. 철도관련 학과가 개설된 대학교
라. 철도관련 학회·협회

정답 및 풀이 : 다
별표 13의 3에서 철도직무교육 실시방법 라 항에서 해당되는 것은 다른 철도운영자의 교육훈련기관, 운전 또는 관제 교육훈련기관, 철도관련 학회·협회, 그 밖에 철도직무교육을 실시할 수 있는 비영리 법인이기에 철도관련 학과가 개설된 대학교는 틀린 답이 된다.

31. 다음 중 운전업무종사자자가 받아야 하는 철도직무교육의 시간은?
가. 5년마다 35시간 이상
나. 5년마다 21시간 이상
다. 10년마다 35시간 이상
라. 10년마다 21시간 이상

정답 및 풀이 : 가
별표 13의 3에서 법 제2조제10호가목에 따른 운전업무종사자의 교육시간은 5년마다 35시간 이상의 교육을 받아야 한다고 명시되어 있다.

32. 다음 중 철도종사자에 대한 안전 및 직무교육이 아닌 것은?
가. 철도운영자등 또는 철도운영자등과의 계약에 따라 철도 운영이나 철도시설 등의 업무에 종사하는 철도운영자는 자신이 고용하고 있는 철도종사자에 대하여 정기적으로 철도안전에 관한 교육을 실시하여야 한다.
나. 철도운영자등은 자신이 고용하고 있는 철도종사자가 적정한 직무수행을 할 수 있도록 정기적으로 직무교육을 실시하여야한다.
다. 철도운영자등은 제1항에 따른 사업주의 안전교육 실시 여부를 확인하여야 하고, 확인 결과 사업주가 안전교육을 실시하지 아니한 경우 안전교육을 실시하도록 조치하여야한다.
라. 제1항 및 제2항에 따라 철도운영자등 및 사업주가 실시하여야 하는 교육의 대상, 내용 및 그 밖에 필요한 사항은 국토교통부령으로 정한다.

정답 및 풀이 : 가
철도안전법 제24조
1항에서 철도운영자등 또는 철도운영자등과의 계약에 뜨라 철도 운영이나 철도시설 덩의 업무에 종사하는 철도운영자가 아닌 사업주이다.

33. 다음 중 철도종사자의 안전교육과 직무교육의 대상이 아닌 것은?
가. 운전업무종사자
나. 관제업무종사자
다. 여객승무원
라. 여객역무원

정답 및 풀이 : 라
철도안전법 시행규칙 제41조의 2, 제41조의 3
법 제2조제10호 가목부터 다목 까지는 안전교육과 직무교육의 대상이지만 라는 안전교육에는 해당되지만 직무교육에는 해당되지 않는다.

34. 다음 중 운전업무종사자의 철도직무교육내용이 아닌 것은?
가. 철도시스템 일반
나. 철도차량 기기취급에 관한 사항
다. 운전이론
라. 열차운행선 관리

정답 및 풀이 : 라
별표 13의3
열차운행선 관리는 관제업무 종사자에게 해당되는 것이다.

35. 다음 중 철도직무교육의 교육시간에서 틀린 것은?
가. 운전업무종사자 교육시간 : 5년마다 35시간 이상
나. 여객승무원 교육시간 : 5년마다 35시간 이상
다. 철도신호기 선로전환기 조작판 취급자 교육시간 : 5년마다 21시간 이상
라. 조성업무 수행자 교육시간 : 5년마다 35시간 이상

정답 및 풀이 : 라
별표 13의 3
조성업무 수행자의 교육시간은 5년마다 21시간 이상이다.

36. 다음 중 철도종사자에 대한 안전교육의 내용이 아닌 것은?
가. 철도안전법령 및 안전관련 규정
나. 철도운전 및 관제이론 등 분야별 안전업무수행 관련 사항
다. 철도사고 사례 및 사고예방대책
라. 철도차량 기기취급에 관한 사항

정답 및 풀이 : 라
별표 13의 2
철도차량 기기취급에 관한 사항은 철도종사자에 대한 안전교육에 속하지 않고 운전업무종사자의 철도직무교육내용에 속한다.

37. 법 제15조의2(운전적성검사기관의 지정취소 및 업무정지) 중 국토교통부장관이 운전적성검사기관의 지정을 취소하여야 하는 것은?
가. 거짓이나 그 밖의 부정한 방법으로 지정을 받았을 때
나. 제15조제5항에 따른 지정기준에 맞지 아니하게 되었을 때
다. 제15조제6항을 위반하여 정당한 사유 없이 운전적성검사 업무를 거부하였을 때
라. 제15조6항을 위반하여 거짓이나 그 밖의 부정한 방법으로 운전적성검사판정서를 발급하였을 때

정답 및 풀이 : 가
법 제15조의2(운전적성검사기관의 지정취소 및 업무정지) 다만, 제1호 및 제2호에 해당할 때에는 지정을 취소하여야 한다.
1. 거짓이나 그 밖의 부정한 방법으로 지정을 받았을 때

38. 다음 설명 중 철도직무교육의 주기 및 교육 인정 기준에 관한 설명으로 틀린 것은?
가. 철도직무교육의 주기는 철도직무교육 대상자로 신규 채용되거나 전직된 연도의 다음 년도 1월 1일부터 매 3년이 되는 날까지 한다.
나. 철도차량정비기술자가 법 제24조의4에 따라 받은 철도차량정비기술교육훈련은 철도직무교육으로 본다.
다. 철도운영자등은 철도직무교육 대상자가 다른 법령에서 정하는 철도직무에 관한 교육을 받은 경우에는 해당 교육시간을 철도직무교육시간으로 인정할 수 있다.

라. 철도직무교육 대상자는 질병이나 자연재해 등 부득이한 사유로 철도직무교육을 기간내에 받을 수 없는 경우에는 철도운영자등의 승인을 받아 철도직무교유글 받을 시기를 연기할 수 있다.

정답 및 풀이 : 가
별표 13의3(철도직무교육의 내용 • 시간 • 방법)
가. 철도직무교육의 주기는 철도직무교육 대상자로 신규 채용되거나 전직된 연도의 다음 년도 1월 1일부터 매 5년이 되는 날까지 한다.

39. 운전면허의 종류와 운전할 수 있는 철도차량의 종류가 맞게 짝지어진 것은?
가. 디젤차량운전면허 - 고속철도차량
나. 철도장비운전면허 - 철도장비 운전면허에 따라 운전할 수 있는 차량
다. 디젤차량운전면허 - 전용철도에서 시속 25킬로미터 이하로 운전하는 차량
라. 제2종 전기차량 운전면허 - 전기기관차
마. 철도장비운전면허 - 전용철도에서 시속 25킬로미터 이하로 운전하는 차량

정답 및 풀이 : 마
가. 디젤차량운전면허 - 디젤기관차, 디젤동차, 증기기관차, 철도장비 운전면허에 따라 운전할 수 있는 차량
나. 철도장비운전면허 - 철도건설과 유지보수에 필요한 기계나 장비, 철도시설의 검측장비 철도 도로를 모두 운행할 수 있는 철도복구장비, 전용철도에서 시속 25킬로미터 이하로 운전하는 차량, 사고복구용 기중기, 입환(入換)작업을 위해 원격제어가 가능한 장치를 설치하여 시속 25킬로미터 이하로 운전하는 동력차
라. 제2종 전기차량 운전면허 - 전기동차, 철도장비 운전면허에 따라 운전할 수 있는 차량

40. 철도운영자등이 철도직무교육을 위탁할 수 있는 기관 중 틀린 것은?
가. 다른 철도운영자등의 교육훈련기관
나. 운전 또는 관제 교육훈련기관
다. 철도관련 협회·학회
라. 국토교통부

정답 및 풀이 : 라
별표 13의3제1호라목에 따르면 가, 나, 다는 옳다.

41. 운전업무종사자의 철도직무교육내용에서 틀린 것은?
가. 철도시스템 일반
나. 운전취급 일반
다. 운전취급 규정
라. 운전이론

정답 및 풀이 : 나
별표 13의3제1호에 따르면 운전취급 일반은 철도신호기·선로전환기·조작판 취급자의 철도직무교육내용이다.

42. 철도직무교육시간이 잘못 표기된 것은?
가. 운전업무종사자 – 5년마다 35시간 이상
나. 여객승무원 – 5년마다 35시간 이상
다. 조성업무 수행자 – 5년마다 35시간 이상
라. 철도차량 점검·정비 업무 종사자 – 5년마다 35시간 이상

정답 및 풀이 : 다
별표 13의3제1호마목에 따르면 열차의 조성업무 수행자는 5년마다 21시간 이상의 교육을 받아야 한다.

43. 철도운전면허를 취소해야 하는 경우는?
가. 제19조2를 위반하여 운전면허증을 다른 사람에게 빌려주었을 때
나. 철도차량을 운전 중 고의 또는 중과실로 철도사고를 일으켰을 때
다. 제41조제1항을 위반하여 술을 마시거나 약물을 사용한 상태에서 철도차량을 운전하였을 때
라. 철도의 안전 및 보호와 질서유지를 위하여 한 명령·처분을 위반하였을 때

정답 및 풀이 : 가
법 제20조에 따르면 제20조제4호인 '가'는 운전면허를 취소해야 한다.

44. 철도종사자에 대한 안전 및 직무교육에 대해 틀린 것은?
가. 철도운영자 또는 사업주는 자신이 고용하고 있는 철도종사자에 대해 정기적으로 철도안전에 관한 교육을 해야한다.
나. 철도운영자등은 자신이 고용하고 있는 철도종사자에게 정기적으로 직무교육을 실시해야 한다.
다. 철도운영자등은 사업주가 안전교육을 실시하지 아니한 경우 안전교육을 실시하도록 조치할 수 있다.
라. 철도운영자등 및 사업주가 실시하여야 하는 교육의 대상, 내용 및 그 밖에 필요한 사항은 국토교통부령으로 정한다.

정답 및 풀이 : 다
법제24조제3항에 따르면 철도운영자등은 사업주가 안전교육을 실시하지 아니한 경우 안전교육을 실시하도록 조치해야 한다.

45. 철도안전에 관한 교육을 들어야하는 대상에 옳지 않은 것은?
가. 운전업무종사자
나. 관제업무에 종사하는 사람
다. 여객승무원
라. 철도운행안전관리자

정답 및 풀이 : 라
시행규칙제41조의2제1항제1호에 해당하지 않는 대상은 철도운행안전관리자이다.

46. 철도운영자등이 실시하는 직무교육을 받아야 하는 대상에 옳지 않은 것은?
가. 정거장에서 철도신호기·선로전환기 또는 조작판 등을 취급하거나 열차의 조성업무를 수행하는 사람
나. 철도사고등이 발생한 현장에서 조사·수습·복구 등의 업무를 수행하는 사람
다. 철도에 공급되는 전력의 원격제어장치를 운영하는 사람
라. 철도차량 및 철도시설의 점검·정비업무에 종사하는 사람

정답 및 풀이 : 나
시행규칙제41조의3제1항제2호에 해당하지 않는 대상은 '나'이다.

47. 철도직무교육 내용에 따른 운전업무종사자의 교육내용이 아닌 것은?
가. 철도시스템 일반
나. 직무관련 규정 및 안전관리
다. 운전취급 규정
라. 철도차량 기기취급에 관한 사항

정답 및 풀이 : 나
철도안전법 제41조의3(철도종사자의 직무교육 등)
마. 영 제3조제4호에 따른 열차의 조성업무 수행자
1) 직무관련 규정 및 안전관리

48. 철도종사자에 대한 안전 및 직무교육에 관한 설명으로 틀린 것은?
가. 철도운영자등은 자신이 고용하고 있는 철도종사자가 적정한 직무수행을 할 수 있도록 정기적으로 안전교육을 실시하여야 한다.
나. 철도운영자등은 사업주의 안전교육 실시 여부를 확인하여야 하고, 확인 결과 사업주가 안전교육을 실시하지 아니한 경우 안전교육을 실시하도록 조치하여야 한다.
다. 철도운영자등 및 사업주가 실시하여야 하는 교육의 대상, 내용 및 그 밖에 필요한 사항은 국토교통부령으로 정한다.
라. 철도운영자등 또는 철도운영자등과의 계약에 따라 철도운영이나 철도시설 등의 업무에 종사하는 사업주는 자신이 고용하고 있는 철도종사자에 대하여 정기적으로 철도안전에 관한 교육을 실시하여야 한다.

정답 및 풀이 : 가
철도안전법 제24조(철도종사자에 대한 안전 및 직무교육)
② 철도운영자등은 자신이 고용하고 있는 철도종사자가 적정한 직무수행을 할 수 있도록 정기적으로 직무교육을 실시하여야 한다.

49. 철도직무교육에 대한 설명으로 옳지 않은 것은?
가. 철도직무교육의 주기는 철도직무교육 대상자로 신규 채용되거나 전직된 연도의 다음 년도 1월 1일부터 매 5년이 되는 날까지로 한다.
나. 휴직·파견 등으로 6개월 이상 철도직무를 수행하지 아니한 경우에는 철도직무의 수행이 중단된 연도의 1월 1일부터 철도직무를 다시 시작하게 된 연도의 12월 31일까지의 기간을 제외하고 직무교육의 주기를 계산한다.
다. 철도운영자등은 철도직무교육시간의 10분의 5 이하의 범위에서 철도운영기관의 실정에 맞게 교육내용을 변경하여 철도직무교육을 실시할 수 있다.
라. 철도직무교육 대상자는 질병이나 자연재해 등 부득이한 사유로 철도직무교육을 기간 내에 받을 수 없는 경우에는 철도운영자등의 승인을 받아 철도직무교육을 받을 시기를 연기할 수 있다.

정답 및 풀이 : 다
철도안전법 제41조의3(철도종사자의 직무교육 등)
별표 13의3
마. 철도운영자등은 철도직무교육시간의 10분의 3 이하의 범위에서 철도운영 기관의 실정에 맞게 교육내용을 변경하여 철도직무교육을 실시할 수 있다.

50. 별표13의 3에서 운전업무종사자의 교육내용에 해당하지 않는 것은?
가. 운전이론
나. 운전취급 규정
다. 열차운행계획
라. 철도시스템 일반

정답 및 풀이 : 다
관제업무 종사자에 대한 교육 내용임

51. 시행규칙 제41조(운전업무종사자 등에 대한 적성검사)에 대한 설명으로 바르지 않은 것은?
가. 법 제23조제1항에 따른 철도종사자에 대한 적성검사는 다음 각 호와 같이 구분하여 실시한다.
나. 영 제21조제1호 또는 제2호에 따른 운전업무종사자 또는 관제업무종사자는 운전적성검사 또는 관제적성검사를 받은 날에 제1항제1호에 따른 최초검사를 받은 것으로 본다. 다만, 해당 운전적성검사 또는 관제적성검사를 받은 날부터 10년(50세 이상인 경우에는 5년) 이상이 지난 후에 운전업무나 관제업무에 종사하는 사람은 제1항제1호에 따른 최초검사를 받아야 한다.

다. 정기검사는 최초검사나 정기검사를 받은 날부터 10년(50세 이상인 경우에는 5년)이 되는 날(이하 "적성검사 유효기간 만료일"이라 한다) 전 6개월 이내에 실시한다. 이 경우 정기검사의 유효기간은 적성검사 유효기간 만료일의 다음날부터 기산한다.
라. 제1항에 따른 적성검사의 방법 절차 등에 관하여는 제16조를 준용하며 그 합격기준은 별표 13과 같다.

정답 및 풀이 : 다
정기검사는 최초검사나 정기검사를 받은 날부터 10년(50세 이상인 경우에는 5년)이 되는 날(이하 "적성검사 유효기간 만료일"이라 한다) 전 12개월 이내에 실시한다. 이 경우 정기검사의 유효기간은 적성검사 유효기간 만료일의 다음날부터 기산한다.

52. 다음 중 운전적성검사기관의 지정취소 및 업무정지의 기준 중 지정취소에 해당되는 사항이 아닌 것은?
가. 거짓이나 그 밖의 부정한 방법으로 지정을 받은 경우
나. 업무정지 명령을 위반하여 그 정지기간 중 운전적성검사업무를 한 경우
다. 정당한 사유 없이 운전교육훈련업무를 거부한 경우가 3회일 때
라. 법 제16조제5항을 위반하여 거짓이나 그 밖의 부정한 방법으로 운전교육훈련 수료증을 발급한 경우가 3회일 때

정답 및 풀이 : 다
정당한 사유 없이 운전교육훈련업무를 거부한 경우가 4회일 때 지정취소이다.

53. 철도직무교육에 대해 틀린 것은?
가. 운전업무종사자의 교육내용에는 운전이론, 운전취급 규정 등이 있다.
나. 여객승무원의 교육시간은 5년마다 35시간 이상이다.
다. 철도운영자등은 철도직무교육 대상자가 다른 법령에서 정하는 철도직무에 관한 교육을 받은 경우에는 해당 교육시간을 제 1호에 따른 철도직무교육시간으로 인정할 수 없다.
라. 철도운영자등은 철도직무교육시간의 10분의 3 이하의 범위에서 철도운영기관의 실정에 맞게 교육내용을 변경하여 철도직무교육을 실시할 수 있다.

정답 및 풀이 : 다
철도운영자등은 철도직무교육 대상자가 다른 법령에서 정하는 철도직무에 관한 교육을 받은 경우에는 해당 교육시간을 제1호에 따른 철도직무교육시간으로 인정할 수 있다.

54. 운전적성검사에 대해 틀린 것은?
가. 운전적성검사에 불합격한 사람은 검사일로부터 3개월 동안 운전적성검사를 받을 수 없다.
나. 국토교통부장관은 운전적성검사기관을 지정한 경우에는 그 사실을 관보에 고시하여야 한다.
다. 운전적성검사 과정에서 부정행위를 한 사람은 검사일로부터 2년 동안 운전적성검사를 받을 수 없다.
라. 운전적성검사기관으로 지정을 받으려는 자는 국토교통부장관에게 지정 신청을 하여야 한다.

정답 및 풀이 : 다
운전적성검사 과정에서 부정행위를 한 사람은 검사일로붙터 1년 동안 운전적성검사를 받을 수 없다.

55. 다음 중 운전업무종사자의 교육내용이 아닌 것은?
가. 운전취급 규정
나. 열차운행선 관리

다. 철도차량 기기취급에 관한 사항
라. 철도시스템 일반

정답 및 풀이 : 나
(별표 13의 3) 운전운행선 관리는 관제업무 종사자의 교육내용이다.

56. 다음 중 열차의 조성업무 수행자의 교육내용이 아닌 것은?
가. 무선통화 요령
나. 철도차량 일반
다. 선로, 신호 등 시스템의 이해
라. 철도시스템 일반

정답 및 풀이 : 라
(별표 13의 3)

57. 철도직무교육을 받아야 하는 사람이 아닌 사람은?
가. 운전업무종사자
나. 관제업무에 종사하는 사람
다. 여객승무원
라. 여객역무원

정답 및 풀이 : 라
(제 41조의 3 철도종사자의 직무교육 등)

58. 운전업무종사자 등에 대한 신체검사에서 정기검사는 최초 검사나 정기검사를 받은 날부터 2년이 되는 날 전 몇 개월 이내에 실시하여야 하는가?
가. 1개월
나. 3개월
다. 5개월
라. 12개월

정답 및 풀이: 나
(제40조 운전업무종사자 등에 대한 신체검사)

59. 다음 중 철도 직무교육을 받아야 하는 사람이 아닌 것은?
가. 운전업무종사자
나. 관제업무종사자
다. 여객승무원
라. 여객역무원

정답 및 풀이 : 라
철도안전법 시행규칙 제41조의3(철도종사자의 직무교육 등)
1. 법 제2조제10호가목부터 다목까지에 해당하는 사람

60. 철도직무교육을 5년마다 35시간 이상 받아야 하는 사람이 아닌 것은?
가. 관제업무 종사자
나. 여객승무원
다. 열차의 조성업무 수행자
라. 철도차량 점검, 정비 업무 종사자

정답 및 풀이 : 다
별표 13의3 철도직무교육의 내용 및 시간
열차의 조성업무 수행자 – 5년마다 21시간 이상

61. 철도직무교육을 위탁할 수 있는 기관이 아닌 것은?
가. 철도운영자등의 교육훈련기관
나. 관제 교육훈련기관
다. 역무 교육훈련기관
라. 철도관련 학회, 협회

정답 및 풀이 : 다
철도안전법 시행규칙 별표 13의 3
라. 철도운영자등은 필요한 경우 다음의 어느 하나에 해당하는 기관에게 철도직무교육을 위탁하여 실시할 수 있다.
1) 다른 철도운영자등의 교육훈련기관
2) 운전 또는 관제 교육훈련기관
3) 철도관련 학회·협회

62. 철도종사자에 대한 안전 및 직무교육에 대해 틀린 것은?
가. 사업주는 자신이 고용하고 있는 철도종사자에 대하여 정기적으로 철도안전에 관한 교육을 실시하여야 한다.
나. 철도운영자등은 자신이 고용하고 있는 사업주가 적정한 직무수행을 할 수 있도록 정기적으로 직무교육을 실시하여야 한다.
다. 철도운영자등은 사업주의 안전교육 실시 여부를 확인하여야 하고, 확인결과 사업주가 안전교육을 실시하지 아니한 경우 안전교육을 실시하도록 조치하여야 한다.
라. 철도운영자등 및 사업주가 실시하여야 하는 교육의 대상, 내용 및 그 밖에 필요한 사항은 국토교통부령으로 정한다.

정답 및 풀이 : 나
철도안전법 제 24조
2. 철도운영자등은 자신이 고용하고 있는 철도종사자가 적정한 직무수행을 할 수 있도록 정기적으로 직무교육을 실시하여야 한다.

63. 철도직무교육의 교육 시간이 틀린 것은?
가. 운전업무종사자 - 5년마다 21시간 이상
나. 관제업무 종사자 - 5년마다 35시간 이상
다. 여객승무원 - 5년마다 35시간 이상
라. 철도신호기, 선로전환기, 조작판 취급자 - 5년마다 21시간 이상

정답 및 풀이 : 가
별표 13의3
운전업무종사자 - 5년마다 35시간 이상

64. 철도직무교육의 운전업무종사자의 교육내용에 대해 틀린 것은?
가. 철도시스템 일반
나. 운전이론
다. 철도차량의 구조 및 기능
라. 열차운행계획

정답 및 풀이 : 라
별표 13의3
열차운행계획은 관제업무 종사자의 교육내용이다.

65. 철도직무교육의 주기 및 교육 인정 기준으로 틀린 것은?
가. 철도직무교육의 주기는 철도직무교육 대상자로 신규 채용되거나 전직된 연도의 다음 년도 1월 1일부터 매 10년이 되는 날까지로 한다.

나. 철도직무교육 대상자는 질병이나 자연재해 등 부득이한 사유로 철도직무교육을 제1호에 따른 기간 내에 받을 시기를 연기할 수 있다.
다. 철도운영자등은 철도 직무교육 대상자가 다른 법령에서 정하는 철도직무에 관한 교육을 받은 경우에는 해당 교육시간을 철도직무교육시간으로 인정할 수 있다.
라. 철도차량정비기술자가 받은 철도차량정비기술교육훈련은 철도직무교육으로 본다.

정답 및 풀이 : 가
별표 13의3
2. 가. 철도직무교육의 주기는 철도직무교육 대상자로 신규 채용되거나 전직된 연도의 다음 년도 1월1일부터 매 5년이 되는 날까지한다.

66. 철도직무교육의 내용, 시간을 보고 일치하지 않은 것을 고르시오.
가. 법 제2조 제10호 다목에 따른 여객승무원, 직무관련 규정 – 5년마다 35시간 이상
나. 영 제3조 제4호에 따른 철도신호기 취급자, 운전취급 일반 – 5년마다 35시간 이상
다. 영 제3조 제4호에 따른 열차의 조성업무 수행자, 철도차량 일반 5년마다 21시간 이상
라. 영 제3조 제7호에 따른 철도차량 점검, 정비 업무 종사자, 철도차량 정비 실무 – 5년마다 35시간 이상

정답/풀이 : 나
시행규칙 제41조의3 제2항 관련으로 별표 13의3에서 나오는 철도신호기, 선로전환기, 조작판 취급자의 교육내용 중 운전취급일반의 교육시간은 5년마다 21시간 이상이다.

67. 다음 항목 중 운전업무종사자의 철도직무교육내용으로 옳지 않은 것을 고르시오.
가. 철도시스템 일반
나. 철도차량의 구조 및 기능
다. 비상 시 조치
라. 운전이론

정답 및 풀이 : 다
별표 13의3 법 제2조 제10호 가목에 따른 운전업무종사자의 교육내용에는 철도시스템 일반, 철도차량의 구조 및 기능, 운전이론, 운전취급 규정, 철도차량 기기취급에 관한 사항, 직무관련 기타 사항 등으로 나온다.

68. 철도종사자에 대한 안전 및 직무교육에 대해 옳지 않은 것을 고르시오.
가. 철도운영자등 또는 철도운영자등과의 계약에 따라 철도운영이나 철도시설 등의 업무에 종사하는 사업주(이하 이 조에서 “사업주”라 한다)는 자신이 고용하고 있는 철도종사자에 대하여 정기적으로 철도안전에 관한 교육을 실시하여야 한다.
나. 철도운영자등은 자신이 고용하고 있는 철도종사자가 적정한 직무수행을 할 수 있도록 정기적으로 직무교육을 실시하여야 한다.
다. 철도운영자등은 제1항에 따른 사업주의 안전교육 실시 여부를 확인하여야 하고, 확인 결과 사업주가 안전교육을 실시하지 아니한 경우 안전교육을 실시하도록 조치하여야 한다.
라. 제1항 및 제2항에 따라 철도운영자등 및 사업주가 실시하여야 하는 교육의 대상, 내용 및 그 밖에 필요한 사항은 국토교통부 장관이 정하여 고시한다.

정답 및 풀이 : 라
법 제24조 4항에 따라 제1항 및 제2항에 따라 철도운영자등 및 사업주가 실시하여야 하는 교육의 대상, 내용 및 그 밖에 필요한 사항은 국토교통부장관이 고시하는 것이 아닌 국토교통부령으로 정한다.

69. 운전면허에 관련된 내용으로 틀린 것은?
가. 운전면허의 취소 또는 효력정지 통지를 받은 운전면허 취득자는 그 통지를 받은 날부터 15일 이내에 운전면허증을 대통령에게 반납하여야 한다.
나. 국토교통부 장관은 운전면허의 효력이 정지된 사람으로부터 운전면허증을 반납 받았을 때에는 보관하였다가 정지기간이 끝나면 즉시 돌려주어야 한다.
다. 취소 또는 효력정지를 받은 사람은 통지를 받은 15일 이내에 운전면허증을 한국 교통안전공단에 반납 하여야 한다.
라. 국토교통부장관은 제1항에 따른 처분대상자가 철도운영자등에게 소속되어 있는 경우에는 철도운영자등에게 그 처분 사실을 통지하여야 한다.

정답 및 풀이 : 가
대통령이 아닌 국토부장관에게 반납하여야 한다.

70. 운전업무종사자의 철도직무교육 과목으로 틀린 것은?
가. 운전이론
나. 운전취급 규정
다. 철도시스템 일반
라. 열차운행계획

정답 및 풀이 : 라
열차운행계획은 관제업무 종사자의 직무교육 과목이다.

71. 철도직무교육의 위탁교육 시설이 아닌 것은?
가. 다른 철도운영자등의 교육훈련기관
나. 운전 또는 관제 교육훈련기관
다. 철도관련 학회, 협회
라. 그 밖에 철도직무교육을 실시할 수 있는 영리 법인 또는 단체

정답 및 풀이 : 라
영리 법인이 아닌 비영리 법인이다.
(별표 13의3)

72. 다음 빈칸에 알맞은 것을 고르시오.

철도운영자들은 업무현장 외의 장소에서 집합교육의 방식으로 철도직무교육을 실시해야 한다. 다만, 철도직무교육시간범위에서 다음의 어느 하나의 해당하는 방법으로 철도직무교육을 실시할 수 있다.

가. 10분의 4
나. 10분의 5
다. 10분의 6
라. 10분의 7

정답 및 풀이 : 나
10분의 5 범위에서 직무교육을 실시할 수 있다.

73. 철도종사자에 대한 안전 및 직무교육으로 알맞지 않은 것은?
가. 철도운영자등 및 사업주가 실시하여야 하는 교육의 대상, 내용 및 그 밖에 필요한 사항은 국토교통부령으로 정한다.
나. 철도운영자등은 자신이 고용하고 있는 철도종사자가 적정한 직무수행을 할 수 있도록 정기적으로 직무교육을 실시할 수 있다.
다. 철도운영이나 철도시설 등의 업무에 종사하는 사업주는 자신이 고용하고 있는 철도종사자에 대하여 철도안전에 관한 교육을 실시하여야 한다.
라. 철도운영자등은 사업주의 안전교육 실시 여부를 확인하고 실시하도록 조치하여야 한다.

정답 및 풀이 : 나
철도운영자등은 자신이 고용하고 있는 철도종사자가 적정한 직무수행을 할 수 있도록 정기적으로 직무교육을 실시하여야 한다.

74. 운전업무종사자 등에 대한 적성검사 중 정기검사에서 50세 이상인 경우 몇 년 마다 실시하여야 하는가?
가. 3년
나. 5년
다. 6년
라. 10년

정답 및 풀이: 나
50세 이상인 경우에는 5년마다 한 번씩 정기검사를 받아야 한다.

75. 다음 내용은 철도종사자에 대한 안전 및 직무교육과 관련된 내용이다. 틀린 것은?
가. 사업주는 자신이 고용하고 있는 철도종사자에 대하여 정기적으로 철도안전에 관한 교육을 실시해야 한다.
나. 철도운영자등은 사업주의 안전교육 실시 여부를 확인하여야 한다.
다. 철도운영자등 및 사업주는 철도안전교육을 강의 및 실습의 방법으로 매년마다 6시간 이상 실시하여야 한다.
라. 철도운영자등 및 사업주는 철도안전교육을 법 제69조에 따른 안전전문기관 등 안전에 관한 업무를 수행하는 전문기관에 위탁하여 실시할 수 있다.

정답 및 풀이: 다
매년 6시간 이상이 아닌 매 분기마다 6시간 이상이다.

76. 다음 중 철도직무교육에서 운전업무종사자의 교육내용이 아닌 것은?
가. 철도차량 기기취급에 관한 사항
나. 운전이론
다. 열차운행선 관리
라. 철도시스템 일반

정답 및 풀이: 다
열차운행선 관리는 관제업무 종사자 들의 철도직무교육의 내용이다.

77. 철도직무교육 운전업무종사자의 교육시간은?
가. 5년 35시간
나. 3년 35시간
다. 5년 25시간
라. 3년 35시간

정답 : 가

78. 철도직무교육을 위탁실시 불가한 것은?
가. 다른 철도운영자등의 교육훈련기관
나. 운전 또는 관제 교육훈련기관
다. 철도관련 학회협회
라. 그 밖에 철도직무교육을 실시할 수 있는 영리단체

정답 : 라

79. 철도직무교육 운전업무종사자의 교육시간은?
가. 5년 25시간
나. 3년 35시간
다. 5년 35시간
라. 3년 35시간

정답 : 다

80. 다음 철도직무교육에 대한 설명으로 틀린 것은?
가. 철도직무교육의 주기는 철도직무교육 대상자가 신규 채용되거나, 전직한 연도의 다음 연도 1월 1일부터 매 5년이 되는 날로 지정한다.
나. 운전업무종사자는 5년마다 35시간 이상 교육을 이수하여야 한다.
다. 운전업무종사가 받아야하는 철도직무교육의 과목에는 철도시스템 일반과 비상시 조치가 있다.
라. 6개월 이상 철도직무를 수행하지 아니한 자의 철도직무교육주기 계산은 직무를 중단한 해의 1월 1일부터 직무를 다시 시작한 연도의 12월 31일까지의 기간을 제외하고 계산한다.

정답 및 해설 : 다
별표 13의3 참조

81. 다음 철도직무교육에 대한 설명으로 틀린 것은?
가. 철도운영자등은 철도직무교육시간의 10분의 5의 범위에서 부서별 직장교육을 할 수 있다.
나. 철도운영자 등은 필요한 경우 철도직무교육을 실시할 수 있는 영리법인 또는 단체에 위탁할 수 있다.
다. 국토교통부를 승인받은 질병 등의 사유가 있는 철도직무교육 대상자는 사이버교육을 직무교육시간 10분의 5를 초과해서 이수할 수 있다
라. 철도운영자 등이 부서별 직장교육을 실시하려는 경우 매년 12월 31일까지 다음 해에 실시될 부서별 직장계획을 수립하여야 한다.

정답 및 해설 : 나
별표 13의3 참조

82. 철도차량정비기술자는 자격, 경력 및 학력에 따라 등급별로 구분하여 인정한다. 등급구분과 역량지수가 바르게 짝지어진 것은?
가. 2등급 철도차량정비기술자 – 60점 이상 70점 미만
나. 4등급 철도차량정비기술자 – 10점 이상 50점 미만
다. 3등급 철도차량정비기술자 – 40점 이상 60점 미만
라. 1등급 철도차량정비기술자 – 85점 이상

정답 및 풀이 : 다
1등급 철도차량정비기술자 – 80점 이상
2등급 철도차량정비기술자 – 60점 이상 80점 미만
4등급 철도차량정비기술자 – 10점 이상 40점 미만

83. 철도종사자에 대한 안전 및 직무교육의 내용으로 옳지 않은 것은?
가. 철도운영자등 또는 업무에 종사하는 사업주는 자신이 고용하고 있는 철도종사자에 대하여 정기적으로 철도안전에 관한 교육을 실시하여야 한다.
나. 철도운영자등은 자신이 고욕하고 있는 철도종사자에게 정기적으로 직무교육을 실시하여야 한다.
다. 사업주는 고용인들의 안전교육 실시 여부를 확인하여야 한다.
라. 교육의 대상, 내용 및 그밖에 필요한 사항은 국토교통부령으로 정한다.

정답 및 풀이 : 다
철도운영자등은 법 제24조제1항에 따른 사업주의 안전교육 실시 여부를 확인하여야 한다.

84. 철도종사자의 안전교육에 관한 내용으로 옳지 않은 것은?
가. 법 제24조 제1항에 따라 철도안전에 관한 교육을 실시하여야 하는 대상은 법 제2조 제10호 가목부터 라목까지에 해당하는 사람이다.
나. 교육대상자들은 강의 및 실습의 방법으로 매 분기마다 6시간 이상의 교육을 실시하여야 한다.
다. 교육대상자들은 철도안전교육을 법 제69조에 따른 안전전문기관 등 안전에 관한 업무를 수행하는 전문기관에 위탁하여 실시할 수 있다.
라. 철도안전교육의 평가 방법 등에 필요한 세부사항은 각 교육기관에서 정하여 고시한다.

정답 및 풀이 : 라
철도안전교육의 평가 방법 등에 필요한 세부사항은 국토교통부장관이 정하여 고시한다.

85. 다음 중 철도종사자에 대한 안전교육의 내용이 아닌 것은?
가. 철도안전법령 및 안전관련 규정
나. 철도운전 및 관제이론 등 분야별 안전업무수행 관련 사항
다. 철도사고 및 운행장애 등 비상 시 응급조치 및 수습복구대책
라. 안전교육 합격 최소 점수

정답 및 풀이 : 라
없는 내용이다.

86. 법 제2조 제10호 가목에 따른 운전업무종사자의 철도직무교육의 내용 및 시간으로 옳지 않은 것은?
가. 5년마다 35시간 이상 실시하여야 한다.
나. 철도차량의 구조 및 기능
다. 열차운행선 관리
라. 철도시스템 일반

정답 및 풀이: 다
열차운행선 관리는 법 제2조제10호
나목에 따른 관제업무 종사자의 교육내용에 해당한다.

87. 다음 중 운전 면허증과 관련 없는 것은?
가. 운전면허시험에 합격한 사람은 한국교통안전공단에 별지 제17호서식의 철도차량 운전면허증 (재)발급신청서를 제출해야 한다.
나. 한국교통안전공단은 제1항 및 제3항에 따라 철도차량 운전면허증을 발급이나 재발급한 때에는 별지 제19호서식의 철도차량 운전면허증 관리대장에 이를 기록·관리하여야 한다.
다. 운전 면허증 유효기간은 5년이다.
라. 철도차량 운전면허증 (재)발급신청서에 분실사유서나 헐어 못 쓰게 된 운전면허증을 첨부하여 한국교통안전공단에 제출하여야 한다.

정답 및 풀이 : 다
법19조(운전면허의 갱신) ①운전면허의 유효기간은 10년으로 한다.

88. 다음 중 운전업무종사 적성검사에 옳지 않은 것은?
가. 최초 검사
나. 정기검사는 최초 검사를 받은 후 10년마다 실시한다.

다. 50세 이상은 2년마다 적성검사를 해야 한다.
라. 적성검사를 받은 날부터 10년 이상이 지난 후 운전업무 종사하는 사람은 최초 검사를 받아야 한다.

정답 및 풀이 : 다
41조(운전업무종사자 등에 대한 적성검사) ②50세 이상은 5년마다 적성검사를 받아야 한다.

89. 운전업무종사자 등에 대한 적성검사 실시에 대한 설명으로 옳지 않은 것은?
가. 최초, 정기, 특별검사로 구분한다.
나. 2023년 4월 6일에 적성검사를 받은 1973년 4월 5일생은 적성검사 유효기간이 10년이다.
다. 정기검사는 유효기간 만료일 전 12개월 이내에 실시해야 한다.
라. 특별검사는 철도종사자가 철도사고등을 일으키거나 질병 등의 사유로 해당 업무를 적절히 수행하기 어렵다고 철도운영자등이 인정하는 경우에 실시한다.

정답 및 풀이 : 나
철도안전법 규칙 제 41조(운전업무종사자 등에 대한 적성검사)
2. 정기검사: 최초검사를 받은 후 10년(50세 이상인 경우에는 5년)마다 실시하는 적성검사(1973년 4월 5일생은 만 50세이다 = 주기 5년)

90. 운전업무종사자의 적성검사(정기, 특별)에 관하여 맞지 않은 것은?
가. 정기검사의 반응형 검사에는 복합기능검사, 시각변별검사, 추론 등이 포함된다.
나. 반응형 검사 점수 합계는 70점으로 한다. 다만 정기, 특별검사는 검사항목별 등급으로 평가한다.
다. 반응형 검사 항목 중 부적합(E등급)이 2개 이상이면 불합격이다.
라. 안전성향검사 부적합 판정 받은 자는 당일 1회 한하여 재검사 실시하고 그 재검사 결과를 최종적인 검사로 할 수 있다.

정답 및 풀이 : 가
철도안전법 규칙 별표 13
정기검사의 반응형 검사 항목 중 판단 및 행동력의 검사 항목으로는 민첩성 하나다.

91. 철도운영자 등 및 사업주는 철도안전교육을 매분기마다 시행하여야 하는데 다음 중 규정을 충족하지 못한 철도안전교육은?
가. 매 분기마다 10시간 이상 교육
나. 매 분기마다 5시간 이상 교육
다. 매 분기마다 6시간 이상 교육
라. 매 분기마다 8시간 이상 교육

정답 및 풀이 : 나
철도안전법 시행규칙 제41조의2 2항
철도운영자등 및 사업주는 철도안전교육을 강의 및 실습의 방법으로 매 분기마다 6시간 이상 실시하여야 한다.

92. 다음 중 철도안전교육 내용이 아닌 것은?
가. 철도사고 사례 및 예방대책
나. 근로자의 건강관리 등 안전, 보건관리에 대한 사항
다. 철도사고 및 운행장애 등 비상 시 응급조치 및 수습복구대책
라. 승객 중 응급환자 발생 등 이례사항시 응급조치 및 대응 메뉴얼

정답 및 풀이 : 라

별표 13의 2를 보면 철도안전교육 내용을
- 철도안전법령 및 안전관련 규정·철도운전 및 관제이론 등 분야별 안전업무수행 관련 사항
- 철도사고 사례 및 사고예방대책
- 철도사고 및 운행장애 등 비상 시 응급조치 및 수습복구대책
- 안전관리의 중요성 등 정신교육·근로자의 건강관리 등 안전·보건관리에 관한 사항
- 철도안전관리체계 및 철도안전관리시스템(Safety Management System)
-위기대응체계 및 위기대응 매뉴얼 등
이라고 규정하고 있다.

93. 다음 중 운전업무종사자의 철도직무교육 내용에 없는 것은?
가. 운전이론
나. 철도차량 기기취급에 관한 사항
다. 철도차량의 구조 및 기능
라. 철도차량 일반

정답 및 풀이 : 라
별표 13의3에서 운전업무종사자의 철도직무교육 내용은
1) 철도시스템 일반
2) 철도차량의 구조 및 기능
3) 운전이론
4) 운전취급 규정
5) 철도차량 기기취급에 관한 사항
6) 직무관련 기타사항 등
으로 규정하고 있다.

94. 다음 중 철도직무교육 대상자가 아닌 사람은?
가. 여객승무원
나. 여객역무원
다. 운전업무종사자
라. 관제업무에 종사하는 사람

정답 및 풀이 : 나
철도안전법 시행규칙 제41조의3 1항 1목을 보면
법 제2조제10호가목부터 다목까지에 해당하는 사람으로 규정하고 있다.
여객역무원은 법 제 2조 10호 라목에 해당해, 해당사항이 없다.

95. 철도직무교육의 경우 일정 시간에 한해 부서별 직장교육, 전산망을 활용한 원격교육으로 대체가 가능하다. 그 일정 시간의 범위를 벗어난 것을 고르시오. (단, 부득이한 사유가 없는 경우로 가정한다.)
가. 100분의 10
나. 10분의 4
다. 100분의 55
라. 50분의 24

정답 및 풀이 : 다
별표 13의3 3항 가목을 보면
다만, 철도직무교육시간의 10분의 5의 범위에서 다음의 어느 하나에 해당하는 방법으로 철도직무교육을 실시할 수 있다.
1) 부서별 직장교육
2) 사이버교육 또는 화상교육 등 전산망을 활용한 원격교육으로 규정하고 있다.

96. 철도운영자등은 철도직무교육시간의 일정 범위 내에서 철도운영기관의 실정에 맞게 교육내용을 변경하여 철도직무교육을 실시할 수 있다. 그 일정 시간의 범위를 벗어난 것을 고르시오.

가. 100분의 10
나. 100분의 20
다. 10분의 5
라. 10분의 2

정답 및 풀이 : 다
별표 13의3 3항 마목을 보면, 철도운영자등은 철도직무교육시간의 10분의 3 이하의 범위에서 철도운영기관의 실정에 맞게 교육내용을 변경하여 철도직무교육을 실시할 수 있다. 로 규정하고 있다.

97. 철도종사자에 대한 안전 및 직무교육으로 옳지 않는 것을 고르시오.

가. 사업주는 자신이 고용하고 있는 철도종사자에 대하여 정기적으로 철도안전에 관한 교육을 실시하여야 한다.
나. 사업주는 자신이 고용하고 있는 철도종사자가 적정한 직무수행을 할 수 있도록 정기적으로 직무교육을 실시하여야 한다.
다. 철도운영자등은 제1항에 따른 사업주의 안전교육 실시여부를 확인하여야 한다.
라. 철도운영자등은 안전교육 실시여부 확인 결과 사업주가 안전교육을 실시하지 아니한 경우 안전교육을 실시하도록 조치하여야 한다.

정답 및 풀이 : 나
철도운영자등은 자신이 고용하고 있는 철도종사자가 적정한 직무수행을 할 수 있도록 정기적으로 직무교육을 실시하여야 한다.

98. 철도차량 운전면허시험의 합격기준 중 아닌 것은?

가. 필기시험 합격기준은 과목당 100점을 만점으로 하여 매 과목 40점 이상, 총점 평균 60점 이상 득점
나. 철도관련 법의 경우 60점 이상
다. 기능시험을 실제차량이나 모의운전연습기를 활용
라. 기능시험의 합격기준은 시험 과목당 40점 이상, 총점 평균 60점 이상 득점

정답 및 풀이 : 라
(60점 ⇒ 80점)

99. 철도직무교육의 교육 시간이 아닌 것은?

가. 운전업무종사자 - 5년마다 21시간 이상
나. 관제업무 종사자 - 5년마다 35시간 이상
다. 여객승무원 - 5년 마다 35시간 이상
라. 철도신호기, 선로전환기, 조작판 취급자 - 5년마다 21시간 이상

정답 및 풀이 : 가
(21시간 ⇒ 35시간)

100. 운전면허 취소, 효력정지 처분의 중 아닌 것은?

가. 거짓이나 그 밖의 부정한 방법으로 운전면허를 받은 경우-1차위반-면허취소
나. 운전면허의 효력정지 기간 중 철도차량을 운전한 경우-1차위반-면허취소
다. 운전면허증을 타인에게 대여한 경우-1차위반-면허취소
라. 철도차량을 운전 중 고의 또는 중과실로 철도사고를 일으킨 경우-부상자가 발생한 경우–1차위반-면허취소

정답 : 라

101. 운전면허취소, 효력 정지 처분의 세분기준 중 1차 위반에 면허취소가 아닌 것은?

가. 거짓이나 그 밖의 부정한 방법으로 운전면허를 받은 경우
나. 운전면허의 효력 정지 기간 중 철도차량을 운전한 경우
나. 법 제41조제1항을 위반하여 술을 마신 상태(혈중 알코올농도 0.02퍼센트 이상 0.1퍼센트 미만)에서 운전한 경우
라. 철도차량 운전규칙을 위반하여 운전을 하다가 열차운행에 중대한 차질을 초래한 경우

정답 및 풀이 : 라
라는 1차 위반에 효력 정지 1개월이다.

102. 운전업무종사자 등에 대한 신체검사에 대한 설명이 아닌 것은?

가. 최초검사 : 해당 업무를 수행하기 전에 실시하는 신체검사
나. 정기검사 : 최초검사를 받은 후 1년마다 실시하는 신체검사
다. 정기검사 : 최초검사를 받은 후 2년마다 실시하는 신체검사
라: 특별검사 : 철도 종사자가 철도사고등을 일으키거나 질병 등의 사유로 해당 업무를 적절히 수행하기가 어렵다고 철도운영자등이 인정하는 경우 실시하는 신체검사

정답 및 풀이 : 나
정기검사는 최초검사를 받은 후 2년마다 실시하는 신체검사

103. 철도종사자에 대한 안전 및 직무교육에 대한 설명으로 옳지 않은 것은?

가. 철도운영자 등 또는 철도운영자등과의 계약에 따라 철도운영이나 철도시설 등의 업무에 종사하는 사업주는 자신이 고용하고 있는 철도종사자에 대하여 정기적으로 철도안전에 관한 교육을 실시하여야 한다.
나. 철도운영자등은 자신이 고용하고 있는 철도종사자가 적정한 직무수행을 할 수 있도록 정기적으로 직무교육을 실시하여야 한다.
다. 철도운영자등은 제1항에 따른 사업주의 안전교육 실시 여부를 확인하여야 하고, 확인 결과 사업주가 안전교육을 실시하지 아니한 경우 안전교육을 실시하도록 조치할 수 있다.
라. 철도운영자등은 및 사업주가 실시하여야 하는 교육의 대상, 내용 및 그 밖에 필요한 사항은 국토교통부령으로 정한다.

정답 및 풀이 : 다
조치할 수 있다가 ⇒ 조치하여야 한다.

104. 운전면허 취소 또는 효력정지 통지를 받은 운전면허 취득자는 면허증을 언제까지 반납하여야 하는가?

가. 그 통지를 받은 날부터 10일 이내
나. 그 통지를 받은 날부터 14일 이내
다. 그 통지를 받은 날부터 15일 이내
라. 그 통지를 받은 다음 날부터 15일 이내

정답 및 풀이 : 다
법20조제3항

105. 다음 중 철도운영자등이 실시하는 직무교육을 받지 않아도 되는 자는?

가. 철도차량의 운전업무에 종사하는 사람
나. 철도차량의 운행을 집중 제어, 통제, 감시하는 업무에 종사하는 사람
다. 여객에게 승무 서비스를 제공하는 사람
라. 여객에게 역무 서비스를 제공하는 사람

정답 및 풀이 : 라
시행규칙 제41조의3, 안전교육의 경우는 모두 해당하지만, 직무교육은 위 보기 3개만 해당함.

106. 법 제2조제10호가목에 따른 운전업무종사자가 철도직무교육을 받을 때 해당되지 않는 교육내용은?

가. 철도차량의 구조 및 기능
나. 운전취급 일반
다. 철도시스템 일반
라. 운전이론

정답 및 풀이 : 다
별표 13의3, 운전취급 일반은 영 제3조제4호에 따른 철도신호기, 선로전환기, 조작판 취급자가, 운전취급 규정은 운전업무종사자가 교육을 받아야 한다.

107. 다음 중 철도차량운전면허에 대한 설명으로 옳지 않은 것은?

가. 운전면허의 유효기간은 5년이다.
나. 운전면허 취득자가 제2항에 따른 운전면허의 갱신을 받지 아니하면, 그 운전면허의 유효기간이 만료되는 날 다음 날부터 그 운전면허의 효력이 정지된다.
다. 제4항에 따라 운전면허의 효력이 정지된 사람이 6개월 범위내에서 국토교통부령으로 정하는 기간 내에 운전면허의 갱신을 신청하여, 갱신을 받지 아니하면, 기간이 만료되는 날의 다음 날부터 그 운전면허는 효력을 잃는다.
라. 운전면허시험에 응시하려는 사람은 제12조에 따른 신체검사 및 운전적성검사에 합격한 후 운전교육훈련을 받아야 한다.

정답 및 풀이 : 나
법 제19조, 국토교통부령 ⇒ 대통령령

108. 한국교통안전공단은 운전면허의 효력이 정지된 사람이 있을 경우, 해당 운전면허의 효력이 정지된 날로부터 며칠 이내에 통지해야 하는가?

가. 7일
나. 15일
다. 30일
라. 60일

정답 및 풀이 : 다
시행규칙 제33조, 한국교통안전공단은 법 제19조제4항에 따라 운전면허의 효력이 정지된 사람이 있는 때에는 해당 운전면허의 효력이 정지된 날로부터, 30일 이내에 해당 운전면허 취득자에게 통지하여야 함.

109. 다음 중 운전면허에 관한 설명으로 틀린 것은?

가. 운전면허의 유효기간은 10년으로 한다.
나. 운전면허 취득자가 운전면허 갱신을 받지 아니하면 그 운전면허의 유효기간이 만료되는 날부터 그 운전면허의 효력이 정지된다.
다. 제4항에 따라 운전면허의 효력이 정지된 사람이 6개월의 범위에서 대통령령으로 정하는 기간 내에 운전면허의 갱신을 신청하여 운전면허의 갱신을 받지 아니하면 그 기간이 만료되는 날의 다음 날부터 그 운전면허는 효력을 잃는다.
라. 국토교통부장관은 운전면허 취득자에게 그 운전면허의 유효기간이 만료되기 전에 국토교통부령으로 정하는 바에 따라 운전면허의 갱신에 관한 내용을 통지하여야 한다.

정답 및 풀이 : 나
법 19조

운전면허 취득자가 운전면허 갱신을 받지 아니하면 그 운전면허의 유효기간이 만료되는 날 다음날부터 그 운전면허의 효력이 정지된다.

110. 다음 중 효력정지에 관한 설명으로 알맞지 않은 것은?

가. 위반행위가 둘 이상인 경우로서 그에 해당하는 각각의 처분기준이 다른 경우에는 그 중 무거운 처분기준에 따른다.

나. 위반행위가 둘 이상인 경우로서 그에 해당하는 각각의 처분기준이 같은 경우에는 무거운 처분기준의 2분의 1까지 가중할 수 있되, 각 처분기준을 합산한 기간을 초과할 수 없다.

다. 최근 1년간 같은 위반행위로 행정처분을 받은 경우 행정처분 기준의 적용은 같은 위반 행위에 대하여 최초로 행정처분을 한 날과 그 처분 후의 위반행위를 행한 날을 기준으로 한다.

라. 철도안전에 대한 위험을 피하기 위한 부득이한 사유가 있는 경우 효력정지기간을 줄여서 처분할 수 있다.

정답 및 풀이 : 다

위반행위의 횟수에 따른 행정처분의 기준은 최근 1년간 같은 위반행위로 행정처분을 받은 경우에 적용한다. 이 경우 행정처분 기준의 적용은 같은 위반행위에 대하여 최초

111. 다음 중 신체검사 등을 받아야 하는 철도종사자로 대통령령으로 정하는 자가 아닌 자는?

가. 운전업무종사자

나. 관제업무종사자

다. 철도차량 및 철도시설의 점검정비 업무 종사자

라. 정거장에서 철도신호기, 선로전환기 및 조작판 등을 취급하는 업무를 수행하는 사람

정답 및 풀이 : 다

21조(신체검사 등을 받아야 하는 철도종사자) 법 제23조제1항에서 "대통령령으로 정하는 업무에 종사하는 철도종사자"란 다음 각 호의 어느 하나에 해당하는 철도종사자를 말한다.

1. 운전업무종사자
2. 관제업무종사자
3. 정거장에서 철도신호기, 선로전환기 및 조작판 등을 취급하는 업무를 수행하는 사람

다: 철도차량 및 철도시설의 점검정비 업무에 종사하는 사람 ⇒ 대통령령으로 정하는 철도종사자 ⇒ 제2조제10호사목에서 "대통령령으로 정하는 사람" 7호

112. 다음 중 운전업무종사자 등에 대한 신체검사의 설명으로 알맞지 않은 것은?

가. 최초검사: 해당 업무를 수행하기 전에 실시하는 신체검사

나. 정기검사: 최초검사를 받은 후 1년마다 실시하는 신체검사

다. 특별검사: 철도종사자가 철도사고등 을 일으키거나 질병 등의 사유로 해당 업무를 적절히 수행하기가 어렵다고 철도운영자등이 인정하는 경우에 실시하는 신체검사

라. 정기검사는 신체검사 유효기간 만료일 전 3개월 이내 실시한다.

정답 및 풀이 : 나

나, 시행규칙 제40조

2항 정기검사 : 최초검사를 받은 후 2년마다 실시하는 신체검사

113. 다음 중 운전업무종사자 등에 대한 적성검사의 설명으로 알맞지 않은 것은?

가. 최초검사: 해당 업무를 수행하기 전에 실시하는 적성검사

나. 정기검사: 최초검사를 받은 후 10년(50세 이상인 경우에는 5년) 마다 실시하는 적성검사

다. 특별검사: 철도종사자가 철도사고등 을 일으키거나 질병 등의 사유로 해당 업무를 적절히 수행하기 어렵다고 철도운영자등이 인정하는 경우에 실시하는 적성검사
라. 해당 운전적성검사 또는 관제적성검사를 받은 날부터 10년(50세 이상인 경우에는 5년) 이상이 지난 후에 운전업무나 관제업무에 종사하는 사람도 정기검사를 받아야 한다.

정답 및 풀이 : 라
시행규칙 제41조2항
영 제21조제1호 또는 제2호에 따른 운전업무종사자 또는 관제업무종사자는 운전적성검사 또는 관제적성검사를 받은 날에 제1항제1호에 따른 최초검사를 받은 것으로 본다. 다만, 해당 운전적성검사 또는 관제적성검사를 받은 날부터 10년(50세 이상인 경우에는 5년) 이상이 지난 후에 운전업무나 관제업무에 종사하는 사람은 제1항제1호에 따른 최초검사를 받아야 한다.

114. 다음 중 철도직무교육의 실시 방법중 알맞지 않은 것은?
가. 철도운영자등은 철도직무교육시간의 10분의 3이하의 범위에서 부서별 직장교육, 사이버 교육등을 실시할 수 있다.
나. 철도운영자 등은 부서별 직장교육을 실시하려는 경우 매년 12월 31일까지 다음해에 실시될 부서별 직장교육 실시계획을 수립하여야 한다.
다. 철도운영자등은 부득이항 사유가 있는 경우 국토교통부장관의 승인을 받은 후 가목에 해당하는 기간을 초과하여 가목 1, 2에 해당하는 방법으로 교육을 실시할 수 있다.
라. 철도운영자등은 필요한 경우 다른 철도운영자의 교육훈련기관에 철도직무교육을 위탁할 수 있다.

정답 및 풀이 : 가
별표 13의3 중 철도직무교육의 실시방법 가목
철도운영자등은 업무현장 외의 장소에서 집합교육의 방식으로 철도직무교육을 실시해야 한다. 다만, 철도직무교육시간의 10분의 5의 범위에서 다음의 어느 하나에 해당하는 방법으로 철도직무교육을 실시할 수 있다.

115. 운전면허 취득자가 운전면허를 취소해야 하는 경우가 아닌 것은?
가. 거짓이나 그 밖의 부정한 방법으로 운전면허를 받았을 때
나. 제41조제1항을 위반하여 술을 마시거나 약물을 사용한 상태에서 철도차량을 운전하였을 때
다. 제11조제2호부터 4호까지의 규정에 해당하게 되었을 때
라. 제19조의2를 위반하여 운전면허증을 다른 사람에게 빌려주었을 때

정답 및 풀이 : 나
제20조 6의 내용 "제41조제1항을 위반하여 술을 마시거나 약물을 사용한 상태에서 철도차량을 운전하였을 때"는 운전면허의 정지이다.

116. 다음 중 운전업무종사자 등에 대한 신체검사의 설명으로 옳지 않은 것은?
가. 정기검사는 최초검사나 정기검사를 받은 날부터 2년이 되는 날 전 6개월 이내에 실시한다.
나. 최초검사는 해당 업무를 수행하기 전에 실시하는 신체검사이다.
다. 정기검사는 최초검사를 받은 후 2년마다 실시하는 신체검사이다.
라. 특별검사는 철도종사자가 철도사고 등을 일으키거나 질병 등의 사유로 해당 업무를 적절히 수행하기가 어렵다고 철도운영자등이 인정하는 경우에 실시하는 신체검사이다.

정답 및 풀이 : 가
철도안전법 시행규칙 제40조(운전업무종사자 등에 대한 신체검사)

- 3. ③ 정기검사는 최초검사나 정기검사를 받은 날부터 2년이 되는 날 전 3개월 이내에 실시한다.

117. 다음 중 운전업무종사자 등에 대한 적성검사의 설명으로 옳지 않은 것은?
가. 정기검사는 최초검사를 받은 후 5년마다 실시하는 적성검사이다.
나. 최초검사는 해당 업무를 수행하기 전에 실시하는 적성검사이다.
다. 특별검사는 철도종사자가 철도사고등을 일으키거나 질병 등의 사유로 해당업무를 적절히 수행하기 어렵다고 철도운영자등이 인정하는 경우에 실시하는 적성검사이다.
라. 정기검사는 최초검사나 정기검사를 받은 날부터 10년이 되는 날 전 12개월 이내에 실시한다.

정답 및 풀이 : 라
철도안전법 시행규칙 제40조(운전업무종사자 등에 대한 적성검사)
- 2. 정기검사 : 최초검사를 받은 후 10년마다 실시하는 적성검사

118. 다음 중 철도운영자등과 계약에 따라 철도운영이나 철도시설 등의 업무에 종사하는 사업주가 철도안전에 관한 교육을 실시하여야 하는 대상으로 옳지 않은 것은?
가. 여객승무원
나. 운전업무종사자
다. 철도운행안전관리자
라. 관제업무종사자

정답 및 풀이 : 다
철도안전법 시행규칙 제41조의2(철도종사자의 안전교육 대상 등)
1. 법 제2조제10호가목부터 라목까지 해당하는 사람
철도안전법 제2조(정의) (가목부터 라목까지)
-10. 바. 철도차량의 운행선로 또는 그 인근에서 철도시설의 건설 또는 관리와 관련한 작업의 일정을 조정하고 해당 선로를 운행하는 열차의 운행일정을 조정하는 사람(이하 "철도운행안전관리자"라 한다)

119. 다음 중 철도운영자등이 실시하는 직무교육을 받아야 하는 대상으로 옳지 않은 것은?
가. 여객역무원
나. 여객승무원
다. 운전업무종사자
라. 관제업무종사자

정답 및 풀이 : 가
철도안전법 시행규칙 제41조의3(철도종사자의 직무교육 등)
1. 법 제2조제10호가목부터 다목까지에 해당하는 사람
철도안전법 제2조(정의) (가목부터 다목까지)
- 10. 라. 여객에게 역무 서비스를 제공하는 사람(이하 "여객역무원"이라 한다)

120. 다음 중 철도직무교육의 주기 및 교육 인정 기준으로 옳지 않은 것은?
가. 철도직무교육의 주기는 철도직무교육 대상자로 신규 채용되거나 전직된 연도의 다음 년도 1월 1일부터 매 10년이 되는 날까지로 한다.
나. 휴직·파견 등으로 6개월 이상 철도직무를 수행하지 아니한 경우에는 철도직무의 수행이 중단된 연도의 1월 1일부터 철도직무를 다시 시작하게 된 연도의 12월 31일까지의 기간을 제외하고 직무교육의 주기를 계산한다.
다. 철도직무교육 대상자는 질병이나 자연재해 등 부득이한 사유로 철도직무교육을 기간 내에 받을 수 없는 경우에는 철도운영자등의 승인을 받아 철도직무교육을 받을 시기를 연기할 수 있다.
라. 철도운영자등은 철도직무교육 대상자가 다른 법령에서 정하는 철도직무에 관한 교육을 받은 경우에는 해당 교육시간을 철도직무교육시간으로 인정할 수 있다.

정답 및 풀이 : 가
[별표 13의3] 철도직무교육의 내용·시간·방법 등(제41조의3제2항 관련)
- 2. 철도직무교육의 주기 및 교육 인정 기준
가. 철도직무교육의 주기는 철도직무교육 대상자로 신규 채용되거나 전직된 연도의 다음 년도 1월 1일부터 매 5년이 되는 날까지로 한다.

121. 다음 중 운전업무종사자의 철도직무교육 내용으로 옳지 않은 것은?
가. 운전이론
나. 철도차량 기기취급에 관한 사항
다. 철도시스템 일반
라. 운전취급 일반

정답 및 풀이 : 라
[별표 13의3] 철도직무교육의 내용·시간·방법 등(제41조의3제2항 관련)
- 1. 철도직무교육의 내용 및 시간
가. 법 제2조제10호가목에 따른 운전업무종사자
교육내용 – 철도시스템 일반, 철도차량의 구조 및 기능, 운전이론, 운전취급 규정, 철도차량 기기취급에 관한 사항, 직무관련 기타사항 등

122. 다음 중 여객승무원의 철도직무교육 내용으로 옳지 않은 것은?
가. 여객승무 위기대응 및 비상 시 응급조치
나. 통신 및 방송설비 사용법
다. 전기·신호·통신 장치 실무
라. 고객응대 및 서비스 매뉴얼 등

정답 및 풀이 : 다
[별표 13의3]철도직무교육의 내용·시간·방법 등(제41조의3제2항 관련)
- 1. 철도직무교육의 내용 및 시간
다. 법 제2조제10호다목에 따른 여객승무원
교육내용 – 직무관련 규정, 여객승무 위기대응 및 비상시 응급조치, 통신 및 방송설비 사용법, 고객응대 및 서비스 매뉴얼 등, 여객승무 직무관련 기타사항 등

123. [별표 9] 운전교육훈련기관의 지정취소 및 업무정지기준(제23조제1항 관련)에 대한 설명으로 알맞지 않은 것은?
가. 거짓이나 그 밖의 부정한 방법으로 지정을 받은 경우 1차 위반 시 지정취소를 처분한다.
나. 법 제26조제4항에 따른 지정기준에 맞지 아니한 경우 2차 위반 시 2개월의 업무정지를 처분한다.
다. 정당한 사유 없이 운전교육훈련업무를 거부한 경우 1차 위반 시 경고를 처분한다.
라. 법 제16조제5항을 위반하여 거짓이나 그 밖의 부정한 방법으로 운전교육훈련 수료증을 발급한 경우 3차 위반 시 지정취소를 처분한다.

정답 및 풀이 : 나
법 제26조제4항에 따른 지정기준에 맞지 아니한 경우 2차 위반 시 1개월의 업무정지를 처분한다.

124. 운전교육훈련기관이 거짓이나 그 밖의 부정 한 방법으로 지정을 받은 경우 해당하는 처벌은?
가. 지정취소
나. 업무정지 1개월
다. 업무정지 6개월
라. 업무정지 3개월

정답 : 가

125. 정당한 사유 없이 운전 교육훈련업무를 2차위반하여 거부한 경우 알맞는 처분기준은?
가. 업무정지 1개월
나. 지정취소
다. 업무정지 3개월
라. 업무정지 6개월

정답 : 가

126. 적성검사 중 반응형의 불합격기준은?
가. 30점 미만
나. 30점 이하
다. 50점 미만
라. 50점 이하

정답 : 가

127. 철도차량을 운전 중 고의 또는 중과실로 철도사고를 일으켰다. 이때, 1천만 이상의 물질적 피해가 발생했을 경우, 2차 위반의 처분은?
가. 효력정지 2개월
나. 효력정지 6개월
다. 효력정지 3개월
라. 면허 취소

정답 및 풀이 : 나
1천만 원 이상의 물질적 피해 발생 시, 각 효력정지 2개월 ⇒ 3개월 ⇒ 면허취소 순임.

철도관련법

2024년 6월 20일 초판 1쇄 인쇄
2024년 6월 25일 초판 1쇄 발행

저　　자 | 김 형 준 ♦ 著

발 행 처 | 도서출판 에듀컨텐츠휴피아
발 행 인 | 李 相 烈
등록번호 | 제2017-000042호 (2002년 1월 9일 신고등록)
주　　소 | 서울 광진구 자양로 28길 98, 동양빌딩
전　　화 | (02) 443-6366
팩　　스 | (02) 443-6376
e-mail | iknowledge@naver.com
web | http://cafe.naver.com/eduhuepia
만든사람들 | 기획 · 김수아 / 책임편집 · 이진훈 홍문정 정민경 하지수 김민지
디자인 · 유충현 / 영업 · 이순우

I S B N　978-89-6356-462-3 (93320)
정　　가　13,000원